推薦序

以終為始 善性循環

承啟科技董事長暨總經理

高樹榮

2024 年可謂是生成式 AI 嶄露頭角的一年，我們可以看到 AI 自動生成內容的相關技術已有顯著的進展。受惠於生成式 AI 的發展，文本或圖像的生成內容已經取得了長足的進步；例如，OpenAI 的 ChatGPT v4，支援了圖像作為輸入，不再僅限於文本輸入，藉此得以分析圖像中的內容訊息，抑或是 Stability AI 的 Stable Diffusion 3，隨著開源技術不斷推展之下，得以生成內容更細緻的圖像，藉此賦能圖像工作者，能夠面對更多生成圖像的挑戰。

我與 Nick 認識多年，Nick 當時擔任 AI 軟體開發的項目負責人，態度認真，除了多次赴陸協助推展相關項目之外，也曾多次參與大陸公開課的推廣，協同 Nvidia 介紹公司的產品內容；另外還有協助大陸夥伴建立軟體的研發團隊，我相信這樣的態度與表現能夠延續到本書的內容。

本書從 AI 元年出發，講述了近年生成式 AI 相關的發展，回顧了 AI 生成模型的技術內容，並以圖像生成工具 Stable Diffusion 為基礎，展開介紹相關的技術及實作內容，最後以圖像生成式 AI 發展方向作為總結，理論與實務兼備，推薦給各位好朋友，若是有需要了解及應用圖像生成式 AI 相關的技術及工具，參考此書，定會有所助益。

推薦序

洞明世事機 深諳 AI 之源

OpenAI 文本生成工具

ChatGPT

本書《圖像生成式 AI 的生存指南 - 以 Stable Diffusion 為例》猶如一面智慧之鏡，細緻描繪了 AI 元年的軌跡，深掘 AIGC 的精髓，並深度剖析 Stable Diffusion 的原理與應用。作者以驚人的見識和綜合能力，將讀者引領進入 AI 的奇妙世界，為未來的人工智慧之路點亮了一盞明燈。

在 AI 技術日新月異的今天，這本書為讀者提供了一個深入了解生成式 AI 的通道。通過對 VAE、GAN、Transformer 等技術的細緻解說，使讀者對 AI 領域的基礎知識有了堅實的打底。而隨後對 Stable Diffusion 原理及其應用的深入剖析，更讓這本書獨樹一幟。

在 探 索 Stable Diffusion 的 過 程 中， 讀 者 將 深 入 了 解 PEFT、Dreambooth、LORA 等核心組件的運作，並通過實際應用案例，掌握 SD 的操作技巧。作者通過系統性的介紹，不僅使讀者能夠理解 AI 技術的演進脈絡，更能夠在實際操作中獲得豐富的經驗。

最後，本書以對 AIGC 的道德議題和 AI 技術未來走向的探討作為結尾，為讀者描繪了一個充滿可能性和挑戰的未來。對於追求知識、對 AI 充滿好奇心的讀者而言，這本書絕對是一部不可多得的良材。藉由作者深刻的洞察和豐富的經驗，這本書如同一場啟迪之旅，為讀者開啟了通向 AI 未來的大門，是一本值得珍藏的經典之作。

序

生成式 AI 圖像新時代

Nick

　　隨著生成式 AI 的崛起，圖像領域方面的許多工具已蔚成顯學，不管是 OpenAI 的 DALL-E，或是 Midjourney，甚至是 Stability AI 的 Stable Diffusion，都已逐步地進入我們的生活，了解這些工具的使用方式固然重要，但更關鍵的是掌握其中的原理，術與道是有所不同的，術與道的相比而言，很多時候來說更為重要，道可以更幫助我們理解其中的精隨，一旦理解了道，後面無論術如何變化都不會受到影響，意味著工具會變，但原理與技術總是那些，掌握了原理與技術，等於就掌握了關鍵。這本書起源於鐵人賽的 30 篇文章「關於我將 AIGC 導入企業的那些坑 - 以 Stable Diffusion 為例」的後續，經過了將近 4 個月的連續爆肝與血淚集結而成，期待能將深入淺出的內容帶給廣大讀者，能夠以 0 到 1 的方式學習圖像生成式 AI 的內容。

　　本書第一章從專家系統開始切入，逐步講述什麼是 AIGC 及有哪些特色？定義是什麼？以及相關的演進與發展；第二章進一步討論 AIGC 相關的技術細節，包含：VAE、GAN、Diffusion；第三章講述關於 Stable Diffusion 相關的技術原理、提示詞、模型調優，並涵蓋了其後續的演進內容；第四章應用 Stable Diffusion 相關的模型到開源工具上，展示了其特效及潛力；第五章擘劃了圖像生成式 AI 的未來，分析了其中的道德議題及後續的技術走向，最後總結了全書的內容。理論的內容可參考一二三章節，實作與結論的內容可參考四五兩章節，每章節自成一體，可拆分也可結合看之，按讀者喜好即可，沒有太多限制。

本書筆者力求完善，希望能夠幫助到大家，但難免有不足之處，若有謬誤或應補充之處，還望讀者多多包涵及不吝指正。

致謝

首先，感謝深智數位出版社的邀約出書，讓我能夠延續鐵人賽的內容，進而將其完善及優化，也藉此推廣自己的 AI 研究興趣，雖然近年 AI 領域不斷推陳出新，也有些舊瓶裝新酒的內容，這些難免都充滿了不少挑戰，但這也意味著研究這個項目不會太無聊，能夠持續投注熱情在上面。

再來，我要感謝永遠的貴人高樹榮先生，謝謝高董為本書撰寫推薦序，以前在承啟的時候，受過高董不少關照，逐步從工程師蛻變成技術主管，我會秉持當初的信念，持續創造善性循環，行有餘力幫助更多人，並帶給別人更大的價值。

接著，感謝我的論文指導教授曾定章，在他扎實穩健的訓練之下，才真正地獲得了批判性思考的能力，也因此開啟了知識探索的大門，並開拓了其他的可能性，謝謝老師，祝福老師身體健康。

另外，感謝我的好朋友 Lorenzo，對於出書方面提供了不少建議，也協助分析一些事情，讓我能夠更通盤了解整體狀況，謝謝。

最後，感謝我的家人，有你們的支持就是我最大的動力，要感謝的人還有很多，就不一一列舉了，謝謝一路上鼓勵及幫助過我的人，祝福大家！

目錄

第一章　AI 元年

1.1　緣起 1-3

1.2　什麼是 AIGC 1-5

1.3　AIGC 的特色與應用 1-11

1.4　AIGC 的演進 1-18

第二章　AIGC 的相關技術

2.1　VAE 原理 2-2

2.2　GAN 原理 2-8

2.3　PixelRNN 原理 2-14

2.4　Flow 原理 2-20

2.5　Diffusion 原理 2-23

2.6　Transformer 原理 2-27

2.7　NeRF 原理 2-31

2.8　CLIP 原理 2-41

第三章　Stable Diffusion 的相關原理

3.1　Stable Diffusion 原理 3-2

3.2　Prompt Engineering 3-6

3.3　PEFT - 效率調參的方法介紹 3-13

3.4　Embedding 原理 3-16

3.5　Dreambooth 原理 3-21

3.6　LoRA 原理 3-25

3.7　HyperNetwork 原理 3-32

3.8　ControlNet 原理 3-36

3.9　Super Resolution - SwinIR 3-44

3.10　SD XL 原理 3-46

3.11　圖像生成模型的優化 3-59

3.12　圖像生成模型的分析 3-83

第四章　Stable Diffusion 的應用

4.1　生成式圖像工具介紹 4-2

4.2　SD 的安裝教學，介面總覽 4-4

4.3　SD 生成模式介紹與使用 4-10

4.4　SD 生成方法的選擇 4-18

4.5　SD 模型訓練 4-25

4.6　評估 SD 模型的方法 4-37

4.7　SD 模型下載站介紹 4-44

4.8　SD 生成模式介紹與使用之一 4-47

4.9　SD 生成模式介紹與使用之二 4-54

4.10　SD 生成模式介紹與使用之進階功能 4-59

4.11　ControlNet 應用 4-64

4.12　SD XL 應用 4-103

第五章　圖像生成式 AI 的未來

5.1　AIGC 的道德議題 5-2

5.2　AIGC 的技術走向 5-8

5.3　全書總結 5-14

圖目錄

圖 1.1　　運用 Stable Diffusion 生成的圖片，Cyber punk 的風格。..............1-2

圖 1.2　　近年來的 GPU 算力及 LLM 的參數量變化。.................................1-5

圖 1.3　　多模態的生成式 AI 模型。..1-8

圖 1.4　　GAI 的模式種類及差異。..1-9

圖 1.5　　AIGC 的組成。..1-10

圖 1.6　　AIGC 的應用主流領域。...1-14

圖 1.7　　MetaGPT 專案規劃範例。...1-15

圖 1.8　　AIGC 的生態系。...1-16

圖 1.9　　AI 模型的演進。..1-19

圖 1.10　GAI 的歷史。...1-20

圖 2.1　　基於自編碼器的分類。..2-3

圖 2.2　　自編碼器的常見種類。..2-5

圖 2.3　　AE 和 VAE 的差異。...2-7

圖 2.4　　GAN 的架構。..2-9

圖 2.5　　RNN 相關的架構比較。..2-15

圖 2.6　　PixelRNN 的生成步驟。...2-17

圖 2.7　　生成模型比較。...2-18

圖 2.8　　Pixel RNN 與 Pixel CNN 的比較。..2-19

圖 2.9　　Flow、GAN、及 VAE 的差異。...2-21

圖 2.10　Flow 的運算方式。..2-22

圖 2.11　擴散的流程。...2-24

圖 2.12　去噪的流程。...2-24

圖 2.13　Diffusion 的演算法。..2-25

圖 2.14　生成式模型比較。...2-26

圖 2.15　Diffusion 的步驟。..2-27

圖 2.16　　Transformer 的架構。...2-29

圖 2.17　　RNN 架構的演進。..2-29

圖 2.18　　DL 模型的演進。..2-30

圖 2.19　　SIREN 與 ReLU 的差異。..2-32

圖 2.20　　NeRF 的博物館展示。...2-33

圖 2.21　　NeRF 的核心概念。...2-34

圖 2.22　　NeRF 的形體繪製。...2-35

圖 2.23　　NeRF 的位置編碼。...2-35

圖 2.24　　NeRF 的階層取樣。...2-36

圖 2.25　　3D 點雲建模的高斯表示。...2-38

圖 2.26　　高斯建模的過程。..2-39

圖 2.27　　Gassian Splatting 建模的步驟。...2-40

圖 2.28　　對比學習的所屬種類。..2-42

圖 2.29　　CLIP 的演算法。..2-43

圖 2.30　　CLIP 的整體特色。..2-44

圖 2.31　　CLIP 與 ImageNet 比較。...2-44

圖 2.32　　CLIP 與 Linear-Probe 的比較。...2-45

圖 2.33　　Pre-training 的兩種方法。...2-46

圖 2.34　　Linear Probe CLIP 與其他常見視覺模型的比較。.................2-47

圖 2.35　　對比式學習與人類方法比較。..2-47

圖 2.36　　Alpha-CLIP 的應用。..2-48

圖 2.37　　裁減圖片或遮蔽圖片的缺點。..2-49

圖 2.38　　紅色框選圖片或特徵遮罩圖片的缺點.....................................2-50

圖 2.39　　Alpha-CLIP 的特色。..2-50

圖 2.40　　框選位置的強化。..2-51

圖 2.41　　原始圖片的裁剪。..2-51

圖 2.42　　增加 alpha 通道的杯子表示。..2-52

圖 2.43　　GRIT，通用穩健圖像任務的基準。..2-53

圖 2.44　Alpha-CLIP 的數據處理。...2-54

圖 2.45　Alpha-CLIP 的模型架構。...2-55

圖 2.46　CLIP 與 Alpha-CLIP 注意力圖的差異。...................................2-56

圖 3.1　GAN、DDPM、VAE、及 Flow 的比較。.................................3-3

圖 3.2　Stable Diffusion 的架構。...3-4

圖 3.3　LAION 公開資料集頁面。...3-5

圖 3.4　視覺基礎模型的使用範疇。..3-8

圖 3.5　提示詞方法的種類。..3-8

圖 3.6　硬提示詞的種類。..3-9

圖 3.7　VLM 的提示調整方法。..3-10

圖 3.8　Prompt Hero 介面。...3-12

圖 3.9　PEFT 的種類。...3-15

圖 3.10　Embedding 的架構。..3-18

圖 3.11　訓練 Embedding。..3-20

圖 3.12　Dreambooth 的架構。...3-22

圖 3.13　Dreambooth 的演算法。..3-23

圖 3.14　SD 中應用 Dreambooth。...3-24

圖 3.15　Dreambooth 的 Extension 位置。...3-24

圖 3.16　Dreambooth 的安裝。...3-24

圖 3.17　Dreambooth 操作畫面。..3-25

圖 3.18　LoRA 的原理。..3-27

圖 3.19　LoRA 的演算法。...3-28

圖 3.20　LCM-LoRA 概覽。...3-29

圖 3.21　不同 SD 模型套用 LCM-LoRA 的比較。.................................3-30

圖 3.22　加入 LCM-LoRA 後的生成步驟變化。....................................3-31

圖 3.23　HyperNetwork 的演算法。..3-33

圖 3.24　SD 的交叉注意力模塊。..3-33

圖 3.25   SD 交叉注意力模組添加 HyperNetwork。.....................................3-34

圖 3.26   SD 訓練 HyperNetwork。...3-35

圖 3.27   ControlNet 的不同風格。...3-37

圖 3.28   SD 如何與 ControlNet 協作。...3-38

圖 3.29   Composer 的架構。...3-40

圖 3.30   IP-Adapter 的架構。..3-41

圖 3.31   InstantID 的架構圖。...3-41

圖 3.32   InstantID 與 Adapter 的比較。..3-42

圖 3.33   InstantID 與 LoRA 的比較。..3-43

圖 3.34   SwinIR 的演算法。..3-45

圖 3.35   SD XL 的架構。..3-48

圖 3.36   SD XL Turbo 的效果展示。...3-49

圖 3.37   對抗擴散蒸餾的方法。...3-50

圖 3.38   SD XL 與 SD XL Turbo 的比較。...3-51

圖 3.39   SD XL 的變體。..3-52

圖 3.40   SD XL 及其變體的比較。..3-52

圖 3.41   Stable Cascade 的展示。..3-53

圖 3.42   Stable Cascade 的架構。..3-54

圖 3.43   Stable Cascade 與其他模型的比較。...3-55

圖 3.44   Stable Diffusion 3 效果展示。...3-56

圖 3.45   MMDiT 的架構。...3-57

圖 3.46   Stable Diffusion 3 與其他模型的比較。..3-58

圖 3.47   圖像生成模型的製作流程。..3-60

圖 3.48   SLD 的 safe guidance 機制。...3-61

圖 3.49   SD 與 SLD 在 I2P 上的比較。..3-62

圖 3.50   ESD 的演算法。...3-62

圖 3.51   ESD 模型移除梵谷風格的輸出圖片。...3-63

圖 3.52　　EWC 的演算法。...3-64

圖 3.53　　GR 的演算法。..3-64

圖 3.54　　SA 的結果展示。...3-65

圖 3.55　　遺忘方法的比較。...3-66

圖 3.56　　常見擴散模型圖文對齊效果比較。.....................................3-67

圖 3.57　　DPO-Diffusion 效果預覽。...3-68

圖 3.58　　SD XL 使用 DPO 的比較。..3-69

圖 3.59　　DPO-SDXL 細節展示。..3-69

圖 3.60　　SCA 與 SAM 的差異。...3-70

圖 3.61　　SCA 的架構。...3-71

圖 3.62　　弱監督學習的概念。...3-72

圖 3.63　　SCA 的效果與其他方法的差異。.......................................3-73

圖 3.64　　縮放定律的關鍵指標。...3-74

圖 3.65　　Class-specific Prompt 種類。..3-75

圖 3.66　　特定類別提示詞，以金吉拉為例。.....................................3-76

圖 3.67　　圖像分類的 ROC 曲線。..3-77

圖 3.68　　可辨識度及多樣性的關係。...3-79

圖 3.69　　數據集拓展的變化。...3-79

圖 3.70　　不同 ImageNet 數據集比較。...3-80

圖 3.71　　CLIP 數據集拓展的效果。...3-81

圖 3.72　　優化擴散模型的評估步驟。...3-81

圖 3.73　　文生圖模型的因果追蹤。...3-84

圖 3.74　　UNet: 在模型內知識分散。..3-85

圖 3.75　　Text-Encoder: 在模型內知識集中。...................................3-85

圖 3.76　　Diff-QuickFix 結果分析。..3-86

圖 3.77　　區域提示詞混合技術。...3-87

圖 3.78　　混合提示詞的演算法。...3-88

圖 3.79　　提示詞混合的不同比例效果。...3-88

圖 3.80　基於注意力的形狀定位。 3-89

圖 3.81　使用自注意力技術的分割圖。 3-89

圖 3.82　物體級別的不同生成變體。 3-90

圖 3.83　生成變體的方法比較。 3-91

圖 3.84　完整物件的編輯流程。 3-91

圖 3.85　圖生圖轉換結果展示。 3-92

圖 3.86　pixel2pixel zero 的方法。 3-93

圖 3.87　交叉注意力引導在結構保留的功效。 3-93

圖 3.88　生圖時透過 GAN 或擴散的差異。 3-94

圖 4.1　SD 介面。 4-9

圖 4.2　SD 的操作介面。 4-11

圖 4.3　文生圖示範。 4-12

圖 4.4　百分比設定範例。 4-14

圖 4.5　混合語法範例。 4-15

圖 4.6　圖生圖示範。 4-16

圖 4.7　Inpaint 圖生圖。 4-16

圖 4.8　Automatic1111 操作介面。 4-19

圖 4.9　Automatic1111 中的取樣方法選項。 4-19

圖 4.10　Karras 的取樣步驟與預設方法的差異。 4-20

圖 4.11　Fooocus 的介面。 4-23

圖 4.12　ComfyUI 的介面。 4-23

圖 4.13　Dreambooth 操作畫面。 4-27

圖 4.14　Dreambooth 操作步驟一。 4-28

圖 4.15　Dreambooth 操作步驟二。 4-29

圖 4.16　Dreambooth 操作步驟三。 4-30

圖 4.17　Dreambooth 操作步驟四。 4-30

圖 4.18　Dreambooth 訓練階段。 4-31

圖 4.19　設置時區。 4-33

圖 4.20   安裝的 pip 套件。 4-34

圖 4.21   啟動腳本。 4-34

圖 4.22   LoRA 的訓練介面。 4-35

圖 4.23   additional networks 的安裝。 4-35

圖 4.24   訓練 LoRA 的前處理步驟。 4-36

圖 4.25   前處理後的文字圖片對照。 4-36

圖 4.26   訓練 LoRA 的設定。 4-37

圖 4.27   FLS 與其他方法的比較。 4-38

圖 4.28   FID 與 FLS 的樣本數差異。 4-39

圖 4.29   FID 與 FLS 從欠擬合到過擬合的曲線變化。 4-40

圖 4.30   CMMD 與 FID 在 Distortion 的差異。 4-41

圖 4.31   Muse refinement iteration 的圖像。 4-42

圖 4.32   CMMD 與 FID 在 Muse 步驟的行為。 4-42

圖 4.33   CMMD 與 FID 在 Stable Diffusion 步驟的行為。 4-43

圖 4.34   Civitai。 4-45

圖 4.35   Hugging Face。 4-46

圖 4.36   SeaArt。 4-47

圖 4.37   Image Browsing 介面。 4-49

圖 4.38   Image Browsing 的 walk 功能。 4-49

圖 4.39   Prompt all in one 安裝。 4-50

圖 4.40   重啟服務。 4-51

圖 4.41   Prompt all in one 介面。 4-51

圖 4.42   SD 設定語系。 4-53

圖 4.43   ControlNet 操作介面。 4-55

圖 4.44   ADetailer 操作介面。 4-56

圖 4.45   Civitai Browser Plus 介面。 4-56

圖 4.46   ControlNet 操作設定。 4-57

圖 4.47   新舊圖的差異。 4-58

圖 4.48　　Open Pose。 4-60

圖 4.49　　3D Open Pose。 4-61

圖 4.50　　Depth Library。 4-61

圖 4.51　　Tag Complete。 4-62

圖 4.52　　二次元成品圖。 4-62

圖 4.53　　Image Browsing 的文生圖修改。 4-63

圖 4.54　　AI 模特原圖。 4-65

圖 4.55　　圖生圖基本設定。 4-66

圖 4.56　　圖生圖局部重繪設定。 4-66

圖 4.57　　局部重繪的操作。 4-66

圖 4.58　　生圖基本參數配置。 4-67

圖 4.59　　圖生圖尺寸及繪製設定。 4-67

圖 4.60　　ControlNet 的設定。 4-68

圖 4.61　　換衣的模特。 4-69

圖 4.62　　沙發商品照片。 4-70

圖 4.63　　商品照文生圖配置。 4-70

圖 4.64　　商品照 ControlNet 設定。 4-71

圖 4.65　　Canny 的相關設定。 4-72

圖 4.66　　生成的沙發商品情境照。 4-72

圖 4.67　　北歐風格的客廳照片。 4-73

圖 4.68　　深藍風格的客廳。 4-74

圖 4.69　　風格遷移的文生圖設置。 4-75

圖 4.70　　北歐風格照的 Lineart 設定之一。 4-76

圖 4.71　　北歐風格照的 Lineart 設定之二。 4-76

圖 4.72　　深藍風格照的 Reference 設定之一。 4-77

圖 4.73　　深藍風格照的 Reference 設定之二。 4-78

圖 4.74　　風格遷移的客廳成果展示。 4-78

圖 4.75　　真人版 AI 模特。 4-80

圖 4.76　　AI 模特圖像傳送到圖生圖。...4-81

圖 4.77　　圖生圖的 AI 模特圖像局部重繪設定。...............................4-82

圖 4.78　　圖生圖的其他局部重繪設定。...4-82

圖 4.79　　相同 AI 模特的不同照片。...4-83

圖 4.80　　X/Y/Z plot 的設定。...4-84

圖 4.81　　X/Y/Z plot 生成結果的不同比較。....................................4-85

圖 4.82　　標記 X/Y/Z plot 產生的圖像。...4-87

圖 4.83　　標記 X/Y/Z plot 產生的圖像結果。....................................4-87

圖 4.84　　kohya_ss 的 LoRA 訓練的 Source model 設定。................4-89

圖 4.85　　kohya_ss 的 LoRA 訓練的 Folders 設定。..........................4-89

圖 4.86　　kohya_ss 的 LoRA 訓練的 Parameters 設定之一。............4-90

圖 4.87　　kohya_ss 的 LoRA 訓練的 Parameters 設定之二。............4-91

圖 4.88　　訓練好的 new girl LoRA。..4-92

圖 4.89　　新 LoRA 生成的 AI 模特圖。...4-92

圖 4.90　　X/Y/Z plot 添加 LoRA 的提示詞。...................................4-93

圖 4.91　　X/Y/Z plot 的生圖設定。...4-94

圖 4.92　　X/Y/Z plot 的 X/Y 軸設定。...4-94

圖 4.93　　X/Y/Z plot 測試不同 LoRA 比較。...................................4-95

圖 4.94　　套用 LoRA 的 ControlNet 動作設定。...............................4-96

圖 4.95　　LoRA 套用 ControlNet 的動作設定的圖像生成。.............4-97

圖 4.96　　咖啡館照片。...4-98

圖 4.97　　套用 LoRA 的 ControlNet 局部重繪設定。.......................4-98

圖 4.98　　LoRA 與 ControlNet 的動作及背景設定的圖像生成。.....4-99

圖 4.99　　ControlNet 的 Reference Only 設定。...............................4-100

圖 4.100　ControlNet 的 Reference Only 保留正向提示詞與原圖的比較。.4-101

圖 4.101　ControlNet 的 Reference Only 移除正向提示詞與原圖的比較。.4-101

圖 4.102　DreamshaperXL 的下載。..4-104

圖 4.103　DreamShaperXL 的介紹。 4-104

圖 4.104　DreamShaperXL 的使用範例。 4-105

圖 4.105　DreamShaperXL 模型及提示詞設定。 4-105

圖 4.106　DreamShaperXL 生圖基本設置。 4-106

圖 4.107　onnx 的下載位置。 4-107

圖 4.108　ControlNet Unit 0 Instant ID 的設定之一。 4-108

圖 4.109　ControlNet Unit 0 Instant ID 的設定之二。 4-109

圖 4.110　ControlNet Unit 1 Instant ID 的設定之一。 4-109

圖 4.111　ControlNet Unit 1 Instant ID 的設定之二。 4-110

圖 4.112　Instant ID 換臉的效果展示。 4-110

圖 4.113　擴充功能的 URL 載入套件列表。 4-111

圖 4.114　SD XL 的 Style 插件。 4-111

圖 4.115　SD XL Style 的介面。 4-112

圖 4.116　Google 翻譯整個介面。 4-113

圖 4.117　Google 翻譯的 SD XL Style 介面。 4-113

圖 4.118　SD XL 薩爾達傳說的風格。 4-114

圖 4.119　SD XL 3D 模型的風格。 4-115

圖 4.120　SD XL 的 Refiner 檔案。 4-116

圖 4.121　SD XL 的 Refiner 設定。 4-117

圖 4.122　SD XL 的電影風格。 4-117

圖 4.123　SD XL 的彩色玻璃風格。 4-118

圖 4.124　SD XL 的蒸氣龐克風格。 4-119

圖 4.125　SD XL 的太空風格。 4-120

圖 4.126　Stable Cascade 插件安裝。 4-121

圖 4.127　安裝 Stable Cascade 後重啟使用者介面。 4-122

圖 4.128　Stable Cascade 插件的操作。 4-122

圖 4.129　Stable Cascade 插件生成的人物圖。 4-123

圖 4.130 地端 Stable Cascade 操作介面。 4-125

圖 4.131 Stable Cascade 地端生成的人物圖。 4-125

圖 4.132 CivitAI API 金鑰設定。 4-126

圖 4.133 新增 API 金鑰。 4-126

圖 4.134 備份 API 金鑰的內容。 4-127

圖 4.135 設定分頁的顯示所有頁面。 4-127

圖 4.136 CivitAI 金鑰。 4-128

圖 4.137 SD XL 的搜尋設定。 4-128

圖 4.138 SD XL 的二次元風格。 4-129

圖 4.139 SD XL 的動漫風格。 4-130

圖 5.1 深度偽造的偵測分類。 5-3

圖 5.2 GAN 的架構。 5-3

圖 5.3 影片類型的深偽偵測。 5-4

圖 5.4 膠囊網路作為深度分類器。 5-4

圖 5.5 Wav2Lip 的應用與功能。 5-5

圖 5.6 Wav2Lip 的架構。 5-6

圖 5.7 4+1 的道德規範。 5-7

圖 5.8 圖像生成模型的演進。 5-9

圖 5.9 LLaVA 的架構。 5-10

圖 5.10 GAI 視覺領域發展史。 5-11

圖 5.11 CRATE 的主要運作流程。 5-12

圖 5.12 選擇狀態空間模型。 5-12

圖 5.13 不同的編碼器替換方法。 5-13

圖 5.14 AIGC 的三層架構。 5-14

表目錄

表 1.1　　AIGC 的特色：優點。 1-13

表 1.2　　AIGC 的特色：缺點。 1-13

表 1.3　　GAI 演算法的演進。 1-22

表 2.1　　GAN 的變體種類。 2-12

表 2.2　　GAN 的應用領域。 2-13

表 4.1　　圖像生成工具一覽表。 4-3

表 4.2　　圖像一致的方法比較。 4-102

第一章

AI 元年

1.1　緣起

1.2　什麼是 AIGC

1.3　AIGC 的特色與應用

1.4　AIGC 的演進

在本章中，我們將簡述緣起、什麼是 AIGC、AIGC 的特色與應用、及 AIGC 的演進。這裡先用一張 Stable Diffusion 生成的圖片作為開場，如下圖所示，歡迎大家進入圖像生成式 AI 的世界！

■ 圖 1.1　運用 Stable Diffusion 生成的圖片，Cyber punk 的風格。

cyberpunk, 8k, photorealistic, car, sunset, building
Steps: 20, Sampler: DPM++ 2M Karras, CFG scale: 7, Seed: 1393211805, Size: 512x512, Model hash: fc2511737a, Model: ChilloutMix, Version: v1.7.0

1.1 緣起

從零開始說起⋯開啟 GAI 奇幻旅程！

近年來，隨著生成式 AI 的崛起，基礎知識及其應用方向也蔚成顯學，為了滿足企業內部的數位轉型需求，筆者近期開始著手研究關於 AIGC 的內容，開啟了本次的調研之路，期待能夠一次把 AIGC 的結構梳理清楚。

本書所使用的環境是基於 https://github.com/AUTOMATIC1111/stable-diffusion- webui 所提供的開源環境 (後續簡稱其為 Stable Diffusion)，有試過的朋友多少可以理解，Stable Diffusion 中能操作的項目非常之多，觀念細部探究也非常之深且廣，所以會先帶大家把基礎知識重新走過一遍，然後才會帶到主軸 Stable Diffusion 的內容，接下來的文章會以能夠解釋 Stable Diffusion 原理及應用為主，並涵蓋了該軟體的實際操作。

後續為了保障內容易於理解，幾乎不會放數學公式，但會著重在講解這些公式的用途與意義，也不會放數學證明，希望能讓大家都能輕鬆掌握 AIGC 的相關知識。

知識如果不能應用的話，那就只是知識而已，知識要能很好地應用，才能轉化成人的智慧，是謂智人。(不是名言，我說的 XDD)

本節的內容會從早期的專家系統談起，並一路帶到預測型 AI 的內容；例如，分類模型、及回歸模型，最後以生成式 AI 作為小結。

1.1.1 專家系統

專家系統，源自於早期人工智慧研究的分支，它是為了模擬人類專家所構建的一套系統，專注在解決專業性的問題，透過將專家思維引入其中的問題判斷邏輯，以達成不用透過人類專家也能解決專業性的問題，就像是一台啟動的電腦，當有碰到專業問題的時候，使用者將其問題輸入給電腦，電腦會經過一段時間判斷後並給出解決方案。

1.1.2 預測型 AI

預測型 AI，是一種基於「深度學習」的數據分析方法，它可以運用數據，萃取出關鍵的判斷邏輯，以此方式去預測未來可能的結果；例如，趨勢漲跌幅度、預測性維護、及庫存用量的變化。其中的模型在訓練的時候，是可以不用透過人為輔助的，也就是「非監督式學習」的方式，讓程式自動從數據中找尋並學習關鍵的規則，並依據此規則預測未來結果。

1.1.3 生成式 AI

生成式 AI，是一種透過使用者的輸入；例如，文字、圖像，以此輸入作為提示，進而生成相關內容的方法，輸出的內容也可以是文字、圖像、或其他的格式，像是影音、程式碼等等，與預測型 AI 不同的是，它是基於一定的隨機性，創造了新的內容，而不是基於過往數據歸納出可能的方向。

1.1.4 小結

本節我們回顧了早期的人工智慧領域的不同分支，像是專家系統，是一種具有複雜判斷邏輯的軟體，其中結合了專家的智慧；隨著時間的推移，人工智慧最早在 2012 年的 Alpha-Go 展露拳腳，受益於當時顯示卡的算力提升，可以達成深層網路模型的訓練，以此構成了預測型 AI；近年來顯示卡算力除了不斷上升以外，人工智慧領域的研究也不斷推陳出新，受益於潛空間改良擴散模型的研究，得以透過 AI 生成更為精緻的影像，可控性也越高，文字生成也不落人後，可以順暢且合理地回答人類提出的問題，這就是生成式AI。

1.2 什麼是 AIGC

哎呀！？AIGC 是什麼東東

1.2.1 提要

- 前言
- 什麼是 AIGC？
- 重新定義 AIGC
- AIGC 的組成

1.2.2 前言

　　近年來，隨著 GPU 算力的等級躍升，利用 AI 算圖的商用性也越來越高，為了因應在大型語言模型 (Large Language Model，LLM) 的應用下，近期火熱的 ChatGPT、及 Stable Diffusion 的高速發展，進而評估以此方向作為數位轉型的參考，開啟了本次的 AIGC 調研之路。

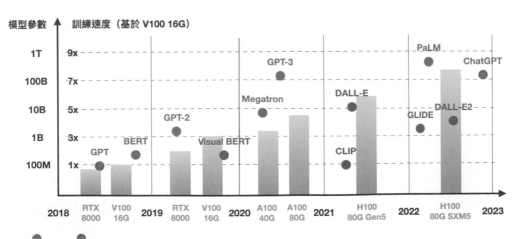

■ 圖 1.2 近年來的 GPU 算力及 LLM 的參數量變化。

1.2.3　什麼是 AIGC ？

AIGC 的全名為 Artificial Intelligence Generated Content，也就是以 AI 的方式生成內容，那麼如何以 AI 的方式生成內容？

ChatGPT 是這樣說的：

利用 AI 生成內容是一種自動化技術，可以使用自然語言處理和機器學習等技術來生成文本。

這種技術可以應用在各種場景中，例如生成新聞報導、寫作文章、產生文本摘要等。

AI 生成內容可以幫助人們快速生成大量的文本內容，提高生產效率，並減少錯誤率。

不過需要注意的是，AI 生成的內容可能存在一些語言流暢度和邏輯結構上的問題，需要人工進行檢查和修正。

此外，利用 AI 生成內容也存在一些倫理和法律問題，例如版權問題、信息真實性問題等。

因此，在使用 AI 生成內容技術時，需要對其進行評估和監督，確保所生成的內容符合相關的規範和要求。

利用 AI 生成內容的應用越來越廣泛，尤其是在新聞報導、商品描述、網站內容、社交媒體等領域。

使用 AI 生成內容可以快速生成大量的文本內容，並且可以根據不同的需求和目的生成相應的內容。

例如，在電商平台上，可以利用 AI 生成內容來自動化生成商品描述，提高商品信息的詳盡程度和覆蓋面，從而提高消費者的購買決策能力。

在新聞報導方面，AI 生成內容可以幫助新聞機構快速生成新聞稿件，提高新聞報導的速度和效率，從而更好地滿足讀者對新聞的需求。

然而，AI 生成內容也存在一些挑戰和問題。例如，由於 AI 生成內容的算法和模型是基於訓練數據來實現的，

因此訓練數據的質量和結構對生成內容的質量和效果有著至關重要的影響。此外，AI 生成的內容可能存在一些語言流暢度和邏輯結構上的問題，

需要人工進行檢查和修正。因此，在使用 AI 生成內容技術時，需要對其進行評估和監督，確保所生成的內容符合相關的規範和要求。

總之，利用 AI 生成內容是一種有望提高生產效率和降低成本的技術，但也需要注意其潛在的問題和風險，並採取相應的措施來保證其質量和合法性。

小結一下，它主要的意思：

1. AIGC 是一種自動化技術，可以用來生成文本。

2. AIGC 生成的內容可能會有邏輯上的問題，源自於數據和算法是否合適。

3. AIGC 生成的內容可能會有倫理或法律的問題，源自於數據來源是否合法。

4. AIGC 有潛在的應用領域；例如，商品描述、網站內容、及社交媒體。

當然，這其實不夠嚴謹，探討事物我們必須要先有嚴格的定義，並在固定的場域下去比較它與原先的做法有何不同。

1.2.4 重新定義 AIGC

AIGC 的出現其實受惠於近年的 GPU 進化，它是來自於生成式 AI (GAI, Generative AI) 的演算法，並進一步將其做了改良，總結來說，該架構允許給予多個提示詞 (prompt)，並輸出一段合理的內容，如下圖所示。

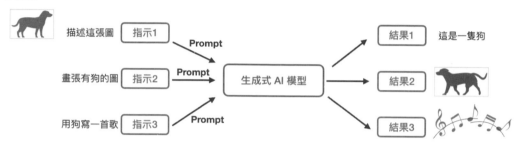

■ 圖 1.3 多模態的生成式 AI 模型。

這邊給到的例子，給予不同的提示詞讓模型輸出對應的內容；例如，單模態 (Unimodal)、及多模態 (Multimodal)，允許使用者以單個或多個做為輸入，可以看到多模態的模型的特色，它可以使用多個輸入並給出多個結果。

所以，AIGC 是基於 GAI 所改良的演算法，能夠允許多重輸入並自動化輸出我們要的結果。

1.2.5 AIGC 的組成

● GAI 的模式

由下圖可以看到，GAI 分成三種模式，一種是基於 PGC (Professional Generative Content)，要生成內容必須要由專業人士操刀，另一種是基於

UGC (User Generative Content)，透過一般使用者加上生成式平台來生成內容，但因為缺乏專業知識，所以生成出的內容需要再經過人工調整，最後一種方式就是 AIGC (AI Generative Content)，生成不會再被專業知識所侷限，可以透過生成式平台，下一些關鍵字 (keyword) 或是提示詞 (prompt)，就能夠生成專業級的內容，且人工也難以辨別是 AI 所生成的內容。

所以，AIGC 是一種 GAI 的模式，它是基於 PGC、及 UGC 的綜合體，結合了兩者的優點。

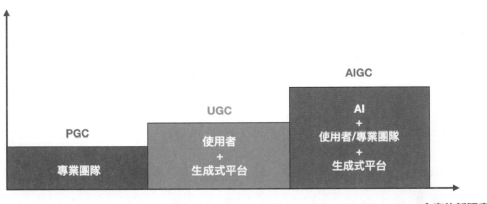

■ 圖 1.4 GAI 的模式種類及差異。

● AIGC 的構成要件

要能讓 AIGC 運作，必須要滿足三個條件，分別是：數據、演算法、及硬體。透過大規模文字匹配的數據集去驅動，讓模型得以學習正確的知識，就可以實作以數據為基底的演算法，並以此利用硬體去訓練模型，最後大功告成。

■ 圖 1.5 AIGC 的組成。

1.2.6 小結

　　本節我們重新回顧了 AIGC 的定義，並探討了相關的組件，我們理解了 AIGC 的意義，是一個基於 PGC + UGC 的架構，下節我們將會以此作為基礎，進階去檢視 AIGC 的特色及應用。

1.3 AIGC 的特色與應用

AIGC 有什麼特別的？能吃嗎？

1.3.1 提要

- 前言
- AIGC 的特色
- AIGC 的應用
- AIGC 的生態系

1.3.2 前言

本節我們會從 AIGC (AI Generated Content) 的定義去延伸，思考關於特色及應用的議題，原則上因為 AIGC 承襲了 LLM (Large Language Model) 的架構，因此我們可以從此處去著手探討相關的內容。

這邊先提到特色及應用，是為了能讓我們先知道了解這些東西能做什麼，也幫助後面學習的時候可以針對自己想了解的部分進一步加強，這是構建學習地圖的一部份策略。

1.3.3 AIGC 的特色

AIGC 的特色，來看看 ChatGPT 怎麼說：

AI Generated Content(AI 生成內容) 確實是一個重要的概念，以下是有關 AI 生成內容的特色：

自動生成： AI 生成內容利用機器學習和自然語言處理技術，能夠自動生成文章、文字、圖片、音頻等各種形式的內容，從而節省了人工創作的時間和成本。

大規模生產： AI 生成內容可以在短時間內生成大量內容，從而適應了現代信息爆炸的需求，例如新聞稿、商品描述、社交媒體帖子等。

個性化定制： 通過設定不同的參數和條件，AI 生成內容可以根據用戶的需求和偏好生成個性化的內容，從而提供更有價值的使用者體驗。

多媒體生成： 除了文字，AI 生成內容也能夠生成圖片、音頻和視頻等多種媒體形式的內容，從而實現更豐富的傳播效果。

跨領域應用： AI 生成內容不僅限於文字領域，還在藝術、設計、廣告等多個領域展示出巨大潛力，能夠創造出驚人的創意和作品。

人機合作： 雖然 AI 能夠生成內容，但人類的創造力和審美判斷仍然是不可或缺的。因此，AI 生成內容通常是在人機合作的基礎上實現最佳效果。

總之，AI 生成內容是一項革命性的技術，具有自動生成、大規模生產、個性化定制等特點，將對內容創作、傳播和多個領域帶來深遠的影響。

小結一下，它主要的意思基本上就是：

1. AIGC 的特色，可以歸納為六類；例如，自動生成、規模化、個性化、支援多媒體、跨領域、及人機合一。

2. 簡單歸納後，特點為：自動生成、大規模生產、個性化定制等。

我們以文獻探討的方式對其進行擴充，將特色區分為優點、及缺點，並以表格作為呈現：

■ 表 1.1 AIGC 的特色：優點。

優點	描述
效率及可拓展性	AIGC 可以提供比傳統人類書寫更多的好處；例如，速度、及語言本地化。另一個好處是它能夠為各種網站創建個人化的社交媒體帖子。
搜尋引擎的優化	AI 可以分析網站上的內容並給出 SEO 優化的建議。
有助於科學研究	AI 可以通過機器學習的演算法去協助分析大型數據集，以識別人類可能不容易看到的模式和相關性。
克服作家的障礙	AI 工具可以創建詳細的大綱和要點，去幫助作家決定哪些內容應被包含在文章中。

■ 表 1.2 AIGC 的特色：缺點。

缺點	描述
道德感及可信度	由於缺乏預期的語氣和個性，生成的答案可能會被過濾掉。
加速社會失衡	有些人可以使用 AI 工具以不同的速度完成原始任務，而另一些人可能需要花費大量時間思考和創建內容。
教育的負面影響	AIGC 可能缺乏有效學習所需的人性和個人化。
同理心不足	例如，AI 生成的音樂可能不具有與人類演奏和創作的音樂相同的情感深度和真實性。
須人工介入	人員仍須介入檢查生成的內容是否符合品質。
缺乏創造力	對 AIGC 來說，生成最新、時下趨勢的觀點及文章是比較困難的。

OK，到這邊我們已經大致瞭解了關於 AIGC 的優劣勢，下一節要看的是應用環節。

1.3.4 AIGC 的應用

AIGC 的應用目前主要可以分為五個領域，分別是：聊天機器人、藝術、音樂、程式碼、及教育，演算法相關的研究有，但是數量很少，如下圖所示。

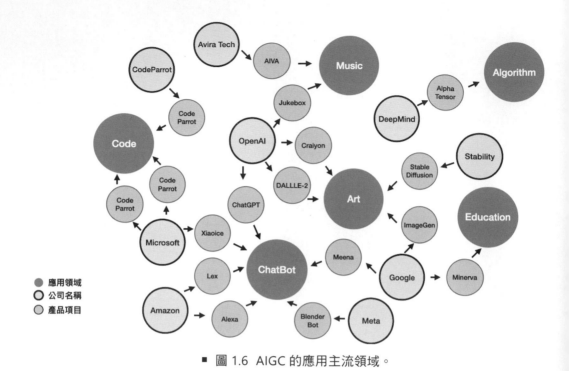

■ 圖 1.6 AIGC 的應用主流領域。

　　聊天機器人方面，目前最常見的就是 ChatGPT 了，這是 OpenAI 這家公司的產品。其他的還有微軟的 Xiaoice、Google 的 Meena。

　　藝術方面，目前常見有幾種主流；例如，MidJourney、Stable Diffusion、及 DALLE-2，這些工具可以用作圖像生成。

　　音樂方面，常見的有 Aiva Tech 的 AIVA、或是 OpenAI 的 Jukebox 等等。

　　程式碼方面，可以使用 OpenAI 的 CodeGPT，這裡有個有趣的延伸議題，大家可以參考 MetaGPT 的論文，裡面提到如何以簡單提問的方式讓他幫你規劃整個軟體專案，從 0 到 1，如圖所示。

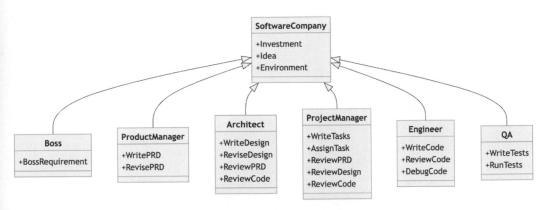

■ 圖 1.7　MetaGPT 專案規劃範例。

　　教育方面，Google 的 Minerva 目前有不錯的表現，可以詢問它關於不等式相關的問題；例如，二元一次方程式求解的問題。

　　理解 AIGC 的整體應用後，我們接續探討生態系的環節。

1.3.5　AIGC 的生態系

　　這裡直接上圖，描述了 2023 年初的狀況，市場地圖裡面涵蓋了幾個類別，分別是：文字、圖像、影片、音頻、及程式碼等等。

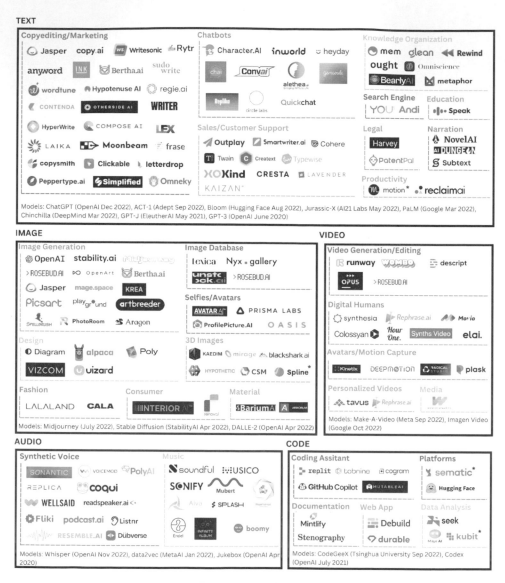

■ 圖 1.8　AIGC 的生態系。

可以看到超級多，但不用緊張，筆者介紹幾個有用過的。

OpenAI 的 ChatGPT 就不著墨太多了，這很常用，最常用它詢問程式碼問題，偶爾還會嗆它程式碼亂寫 XD。

Hugging Face 是 跟 Stable Diffusion 相 關 的， 它 的 網 站 上 面 會 放 Checkpoint 或是 LoRA 的模型以供使用，這部分後面會提到。

GitHub Copilot 以前有用過，不過後來幾乎都靠 ChatGPT，就比較少在用，另外它上面還有一家 tabnine，這是一個可以在 VS Code 上面安裝的插件，支援自動補全，好用。

總結來說，可以看到非常多的應用項目，應用的範圍與場域都蠻廣的。每個種類水池都頗深，所以是歡迎大家一起下水玩耍（？

1.3.6 小結

本節我們從 AIGC 的特色出發，進而去探討 AIGC 的應用，並以生態系的整體介紹作為總結，下節我們會討論關於 AIGC 的演進。

1.4 AIGC 的演進

來聊聊近年來 AIGC 有哪些進步！

1.4.1 提要

● 前言

● AI 模型的演進

● GAI 的歷史

● GAI 演算法的演進

1.4.2 前言

本節我們會從 AIGC (AI Generated Content) 的定義去延伸，繼昨天的 AIGC 應用等內容，進而延伸探討關於 AIGC 的演進相關的內容；例如，AI 模型的演進、GAI 的歷史、及 GAI 演算法的演進。

1.4.3 AI 模型的演進

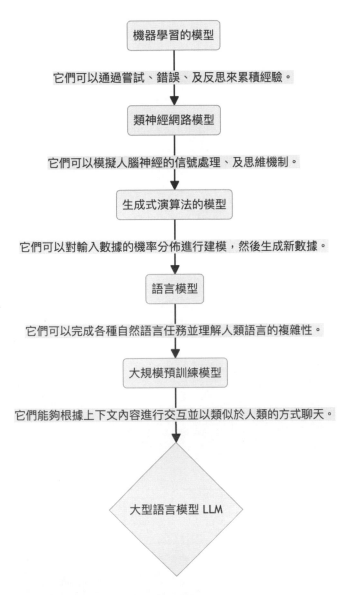

機器學習的模型

它們可以通過嘗試、錯誤、及反思來累積經驗。

類神經網路模型

它們可以模擬人腦神經的信號處理、及思維機制。

生成式演算法的模型

它們可以對輸入數據的機率分佈進行建模，然後生成新數據。

語言模型

它們可以完成各種自然語言任務並理解人類語言的複雜性。

大規模預訓練模型

它們能夠根據上下文內容進行交互並以類似於人類的方式聊天。

大型語言模型 LLM

■ 圖 1.9 AI 模型的演進。

我們可以看到：

1. 從早期的機器學習開始，數據是被函式或參數所分門別類，這個演算法旨在以過去經驗去簡單歸納出新的演算法。

2. 類神經網路進而去模擬人腦神經的信號處理、及思維機制。到了生成式演算法後，主要受惠於 Transformer，它將人類注意力機制引入模型的架構中，另外還有生成是對抗網路 (Generative Adversarial Network, GAN)，它是後續許多熱門變體及架構的靈感來源。

3. 隨著 GAN 的架構演進，越來越多的語言模型被開發出來；例如，BERT，它被證實能夠理解人類語言的複雜性。

4. 近期，我們將預訓練的方法套用在語言模型上，避免頻繁改動其參數影響到其整體的表現，以此構建出更具泛化性的語言模型，由於這些模型是透過人類聊天訊息去進行訓練的，所以與其互動的時候，可以表現出類似人類聊天的行為。

5. 後續，我們可以持續關注這些大型語言模型的表現。

1.4.4　GAI 的歷史

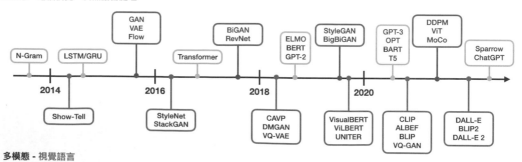

■ 圖 1.10　GAI 的歷史。

⊙ 文本生成

文本方面的生成式 AI 最早可以追朔到 1950 年左右，當時的主要模型是隱式馬可夫模型 (Hidden Markov Models, HMMs)、及高斯混合模型 (Gaussian Mixture Models, GMMs)，這些模型可以生成序列數據；例如，語音、及時間序列。到了深度學習 (Deep Learning, DL)，在自然語言處理 (Natural Language Processing, NLP) 中，是使用 N-gram 的方法對句子進行建模，它能透過單詞分佈去搜索最佳序列，但無法在長句中使用。因此，後來引入了循環神經網路 (Recurrent Neural Networks, RNNs) 去解決這個問題，並以此作為基底改良，提出了長短期記憶 (Long Short-Term Memory, LSTM)、及門控循環單元 (Gated Recurrent Unit, GRU) 的架構，這些方法可以處理大約 200 個標記 (token)。

⊙ 圖像生成

圖像方面的生成式 AI 最早可以追朔到 1980 年左右，當時主要的演算法是紋理合成、及紋理映射，這樣的方法受限於人工的特徵設計，難以生成複雜多樣的圖像。直到 2014 年，生成對抗網路 (Generative Adversarial Networks, GANs) 被提出，在各種領域中都有不錯的表現。與此同時，變分自編碼器 (Variational Auto Encoders, VAEs) 及其他方法也逐漸被開發出來；例如，基於 Flow 的模型 (Flow-based Model)、及擴散模型 (Diffusion Model)，它們對於圖像生成可以有更細緻的操作，進而生成更高解析度的圖像。

⊙ 殊途同歸

2017 年，文本生成的方法後續受惠於 Transformer 架構的出現，利用其注意力機制可以達到很好的效果，圖像生成自然也不落人後，2019 年，透過 ViT(Vision Transformer) 架構的提出，將 Transformer 架構與視覺組件結合，用以實現圖像生成，並在 2020 年提出 Swin Transformer，將其圖像生成方法做了改良，以滑窗 (slide window) 方式，減少原本圖像的運算量，後來，單模態演化成多模態，衍伸出了能同時處理文本和圖像的模型；例如，CLIP，CLIP 是一種聯合視覺語言模型，它將 Transformer 架構與視覺組件相結合，使其能夠接受大量文本和圖像數據的訓練。由於它在預訓練過程中結合了視覺和語言知識，因此它也可以用作多模態提示生成中的圖像編碼器。

1.4.5 GAI 演算法的演進

按照前一節的討論，我們將後續要探討的演算法整理成列表，如下所示。

■ 表 1.3 GAI 演算法的演進。

演算法	年份	描述
VAE	2014	基於變分下界約束獲得的編碼器 - 解碼器模型。
GAN	2014	基於對抗性學習的生成器 - 判別器模型。
Flow-based	2015	學習非線性雙射變換，將訓練數據映射到另一個空間，其空間分佈可以被因式分解。整個模型架構取決於直接最大化似然 (likelihood) 對數來實現這一點。
Diffusion	2015	擴散模型有兩個過程。在前向擴散階段，將雜訊逐漸施加到圖像上，直到圖像被完全的高斯雜訊破壞，然後在反向擴散階段，學習從高斯雜訊中恢復原始圖像的過程。訓練後，模型可以使用這些去噪方法從隨機輸入生成新的 " 乾淨 " 數據。
Pixel RNN	2016	基於深度的循環神經網路，它沿著兩個空間維度順序預測圖像中的像素。對原始像素值的離散機率進行建模，並對圖像中完整的依賴關係集進行編碼。
Transformer	2017	這種網路模型最初用於完成不同語言之間的文本翻譯任務，基於自注意力機制。主體包括 Encoder 和 Decoder 部分，分別負責對源語言文本進行編碼，並將編碼信息轉換為目標語言文本。
NeRF	2020	它提出了一種方法來優化一組輸入圖像的連續 5D 神經輻射場 (任何連續位置處的體積密度和與視圖相關的顏色) 的表示。要解決的問題是，給定一組捕獲的圖像，如何從新的視點生成圖像。
CLIP	2021	首先，進行自然語言理解和電腦視覺分析。其次，使用預先標記的 " 文本圖像 " 訓練數據來訓練模型。一方面，根據文本訓練模型。從另一個方面來說，訓練另一個模型，不斷調整兩個模型的內部參數，使模型輸出的文本和圖像特徵值分別匹配和確認。

以上是這些與 AIGC 演算法相關的簡介，我們會在後續詳細做介紹與討論。

1.4.6　小結

本節我們回顧了三個面向的歷史演進；例如，AI 模型的演進、GAI 的歷史、及 GAI 演算法的演進，後續，我們會接續 GAI 中的演算法做詳細的探討。

第二章

AIGC 的相關技術

2.1　VAE 原理

2.2　GAN 原理

2.3　PixelRNN 原理

2.4　Flow 原理

2.5　Diffusion 原理

2.6　Transformer 原理

2.7　NeRF 原理

2.8　CLIP 原理

在本章中，我們將探討 AIGC 相關的技術議題，包含：VAE 原理、GAN 原理、PixelRNN 原理、Flow 原理、Diffusion 原理、Transformer 原理、NeRF 原理、及 CLIP 原理。

2.1 VAE 原理

VAE，好久不見！

2.1.1 提要

- 前言
- AE 介紹
- AE 種類
- VAE 介紹

2.1.2 前言

本節我們介紹什麼是 VAE，在這開始之前，我們會先回顧關於 AE 的內容，先看什麼是自編碼器、及自編碼器有哪些種類等等。

2.1.3 AE 介紹

自編碼器 (Autoencoder) 是一種常見的無監督學習模型，用於學習數據的壓縮表示和特徵提取。

Interbank markets

European Community
monetary/economic

Energy markets

Disasters and
accidents

Leading economic
indicators

Legal/judicial

Accounts/
earnings

Government
borrowings

■ 圖 2.1 基於自編碼器的分類。

　　其中的思想最早來自於 2006 年的一篇論文，這篇是 AI 大神之一 Hinton
寫的，它主要是比較了主成份分析法 (principal components analysis, PCA)，
PCA 是一種將數據降低維度的技術，這樣的好處是可以更容易地分析數據、
及做好統計分析的優點，自編碼器的優勢在於它受惠於硬體算力的提升，使
得它可以實現，經 mnist 數據集的實驗表示它的效果相較於 PCA 來說更好，
以下是有關自編碼器的簡要介紹：

1. **結構**：自編碼器由兩個主要組件組成：編碼器 (Encoder) 和解碼器
   (Decoder)。編碼器將輸入數據映射到低維度的壓縮表示，解碼器則
   將這個壓縮表示還原回原始數據。

2. **目標**： 自編碼器的目標是透過最小化重構誤差 (原始數據與解碼器重建的數據之間的差異) 來學習有效的數據表示。這使得自編碼器能夠捕捉數據中的主要特徵，同時去除不必要的雜訊。

3. **特徵提取**： 自編碼器可以被用作特徵提取器，透過從壓縮表示中提取有用的特徵，可以將其應用於監督學習任務中，如分類、回歸等。

4. **種類**：根據不同的編碼器和解碼器結構，自編碼器可以有多種變種，但無論是哪一種，本質上的區分都是從編碼的前後維度差異去決定的，所以大方向來說可以分成二類，前小後大、前大後小，如果編碼後的維度比較小，那麼這就是一個 Undercomplete Autoencoder，反之，就是 Overcomplete Autoencoder，我們不太會去使用前後維度相等的情況，原因是我們會需要前後的差異去達成我們的目標，像是去噪或是特徵提取。

5. **應用範疇**： 自編碼器廣泛應用於特徵提取、降維、去噪、生成數據等各種領域。在生成數據方面，變分自編碼器 (VAE) 和生成對抗網路 (GAN) 等模型也被廣泛應用。

總之，自編碼器是一種無監督學習模型，能夠學習數據的有效表示和特徵提取。透過編碼器和解碼器的結構，自編碼器能夠在壓縮表示和重構數據之間建立有效的映射關係。

2.1.4　AE 種類

自編碼器 (Autoencoder) 在不同的應用場景下，衍生出了多種不同類型的變體。

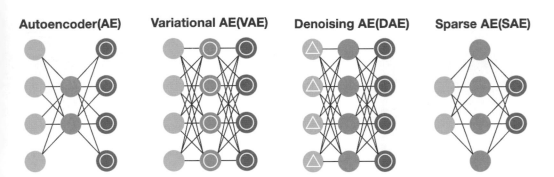

- Input Cell
- Noise Input Cell
- Hidden Cell
- Probabilistic Hidden Cell
- Match Input Output Cell

■ 圖 2.2 自編碼器的常見種類。

以下是一些常見的自編碼器種類：

1. **稀疏自編碼器** (Sparse Autoencoder)：透過限制隱藏層單元的活性，使模型學習到更加有用的特徵表示，同時實現特徵的稀疏性。

2. **去噪自編碼器** (Denoising Autoencoder)： 用於去除數據中的雜訊，訓練時將加入雜訊的數據作為輸入，要求模型重構出原始數據。

3. **變分自編碼器** (Variational Autoencoder，VAE)： 引入了機率和隨機性的自編碼器，能夠生成連續潛在空間中的新樣本，並且用於生成模型。

總之，自編碼器的種類眾多，每種類型都有不同的特點和應用。根據任務需求和數據類型，選擇適合的自編碼器變體能夠更好地實現特定的目標。

2.1.5　VAE 介紹

變分自編碼器 (Variational Autoencoder，VAE) 是一種生成模型，結合了自編碼器和機率建模的概念，用於學習數據的低維度表示並生成新的樣本。以下是有關變分自編碼器的簡要介紹：

1. **自編碼器結構：** VAE 由兩個主要組件組成：編碼器 (Encoder) 和解碼器 (Decoder)。編碼器將輸入數據映射到均值和變異數參數，解碼器使用這些參數來生成新的樣本。

2. **隨機性和潛在變數：** VAE 引入了潛在變數 (Latent Variable)，透過這些變數引入了隨機性。編碼器學習如何將輸入數據映射到潛在變數的分佈，解碼器則從潛在變數的分佈中生成樣本。

3. **生成過程：** 在生成過程中，從潛在變數的分佈中抽樣，然後使用解碼器生成相應的樣本。這種過程使得 VAE 能夠生成具有隨機性的多樣化樣本。

4. **損失函數：** VAE 的訓練使用的是一種特殊的損失函數，即「重建損失」和「KL 散度 (Kullback-Leibler divergence)」的組合，又稱為 ELBO。重建損失衡量生成樣本的質量，而 KL 散度則衡量潛在變數的分佈與標準常態分布之間的差異。

5. **生成新樣本：** VAE 訓練完成後，可以使用解碼器從潛在變數的分佈中抽樣，生成新的樣本。由於潛在變數的隨機性，生成的樣本通常呈現出多樣性。

6. **應用範疇：** VAE 在生成圖像、音頻、文本等多種類型的數據上都有應用。它可以生成高質量、多樣性的樣本，並且在許多生成任務中取得了優異的成果。

總之，變分自編碼器 (VAE) 是一種結合自編碼器和機率建模的生成模型，透過引入潛在變數和隨機性，能夠生成多樣性的樣本。VAE 在生成和潛在變數建模方面的特點，使其成為生成模型領域的重要成員。

變分自編碼器與自編碼器的差別，參考下圖。

AutoEncoder

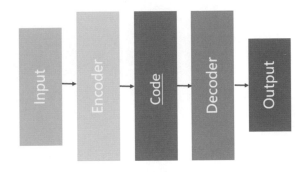

Variational AE

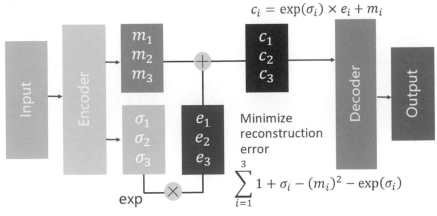

$$c_i = \exp(\sigma_i) \times e_i + m_i$$

$$\sum_{i=1}^{3} 1 + \sigma_i - (m_i)^2 - \exp(\sigma_i)$$

■ 圖 2.3 AE 和 VAE 的差異。

可以看到兩者主要的差異在於中間的區塊，AE 只有編碼後的 Code，VAE 則比較複雜，為的是要計算其最小化重建的誤差，以便學習到差異的內容。

2.1.6 小結

本節我們回顧了 AE、並以此作為基礎介紹 VAE，VAE 可以學習到差異化的內容並以此為依據得以生成新的樣本；例如，影像、文字，下節我們會接續介紹 GAN 的內容。

2.2 GAN 原理

GAN，聽說你最強，參數很難調。

2.2.1 提要

● 前言

● GAN 介紹

● GAN 演進

2.2.2 前言

本節我們介紹什麼是生成對抗網路 (Generative Adversarial Network，GAN)，先看什麼是 GAN、及 GAN 演進等等。

2.2.3 GAN 介紹

GAN 是一種強大的生成模型，由生成器和判別器組成，透過對抗過程來訓練。

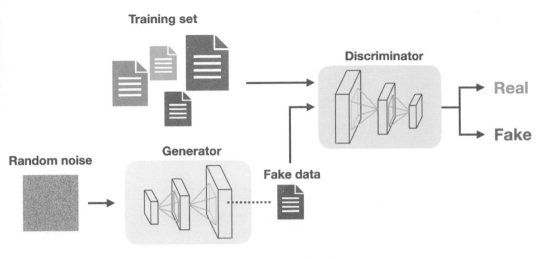

■ 圖 2.4 GAN 的架構。

以下是有關生成對抗網路的簡要介紹：

1. **結構：** GAN 包含兩個主要組件：生成器 (Generator) 和判別器 (Discriminator)。生成器負責生成與真實數據相似的樣本，而判別器則試圖區分真實數據和生成器生成的數據。

2. **對抗過程：** 訓練過程中，生成器和判別器進行對抗。生成器努力生成逼真的樣本以欺騙判別器，同時判別器努力識別出真實數據和生成的數據之間的區別。

3. **最小最大博弈：** GAN 的訓練過程可以理解為一種最小最大博弈。生成器的目標是最小化判別器對其生成的數據的機率估計，從而生成更逼真的樣本。判別器的目標是最大化對真實數據的識別能力以及對生成的數據的識別能力。

4. **生成過程：** 在訓練完成後，生成器可以使用隨機雜訊作為輸入，生成與真實數據相似的新樣本。這種生成過程使得 GAN 能夠創造具有高質量的樣本。

5. **應用範疇：** GAN 在圖像生成、風格轉換、影像超分辨率、音頻合成、文本生成等多個領域都取得了驚人的成就。它能夠生成逼真的樣本，同時在藝術創作、影視特效等方面也有潛在應用。

6. **變種：** GAN 的不同變種包括條件生成對抗網路 (cGAN)、週期一致性生成對抗網路 (CycleGAN)、生成對抗自編碼器 (GAN-AE) 等，這些變種擴展了 GAN 的應用範圍。

總之，生成對抗網路 (GAN) 是一種基於對抗訓練的生成模型，透過生成器和判別器的博弈來創造逼真的樣本。GAN 在生成任務中取得了重大突破，並且在多個領域中持續發展和應用。

2.2.4 GAN 演進

GAN 在其提出以來經歷了多個階段的演進和改進。以下是 GAN 演進的簡要介紹：

1. **原始 GAN：** GAN 最早由 Ian Goodfellow 等人於 2014 年提出。它由生成器和判別器組成，透過兩者的對抗過程來訓練生成逼真的數據。

2. **DCGAN：** 深度卷積生成對抗網路 (Deep Convolutional GAN，DCGAN) 是一種引入卷積神經網路結構的 GAN 變種，用於生成圖像。DCGAN 在圖像生成上取得了顯著進展。

3. **CGAN：** 條件生成對抗網路 (Conditional GAN，cGAN) 引入了條件信息，允許生成器在生成樣本時受到額外的條件限制，擴展了 GAN 的應用範圍。

4. **WGAN：** Wasserstein GAN(Wasserstein Generative Adversarial Network，WGAN) 透過引入 W 距離的概念，解決了 GAN 訓練中的一些不穩定問題，使得訓練更加穩定。

5. PGGAN： 進步性增長生成對抗網路 (Progressive Growing of GANs，PGGAN) 透過逐步增加生成器和判別器的分辨率，使得生成的圖像更加細節豐富和逼真。

6. CycleGAN： 週期一致性生成對抗網路 (CycleGAN) 引入了週期一致性損失，用於圖像風格轉換。它能夠在不同的域之間進行圖像轉換，如將馬變成斑馬。

7. BigGAN： 大型生成對抗網路 (BigGAN) 透過增加模型的大小和訓練數據，實現了更高質量的圖像生成，同時引入了分類標籤的概念。

8. StyleGAN： 風格生成對抗網路 (StyleGAN) 透過將潛在向量的風格和內容分離，實現了更好的圖像生成和操控。StyleGAN2 進一步改進了模型的穩定性和生成效果。

9. BERT-GAN： 基於 GAN 的預訓練語言模型，例如 BERT-GAN，結合了生成模型和自然語言處理，用於文本生成和語言生成。

總之，生成對抗網路 (GAN) 在各個方向上不斷演進和改進，從基本的結構到各種變種，從圖像生成到文本生成，都取得了重要的成就。這些改進不僅改善了生成品質，還擴展了 GAN 的應用範圍。

為了更好地表示其中不同種類的 GAN 之間的關係，茲整理列表如下：

■ 表 2.1 GAN 的變體種類。

GAN 的代表變體		InfoGAN, cGANs, CycleGAN, f-GAN, WGAN, WGAN-GP, LS-GAN
GAN 的訓練	目標函數	LS-GANs, hinge loss based GAN, MDGAN, unrolled GAN, SN-GANs, RGANs
	技巧	ImprovedGANs, AC-GAN
	結構	LAPGAN, DCGANs, PGGAN, StackedGAN, SAGAN, BigGANs, GANs training StyleGAN, hybrids of autoencoders and GANs (EBGAN, BEGAN, BiGAN / ALI, AGE), multi-discriminator learning (D2GAN, GMAN), multi-generator learning (MGAN, MAD-GAN), multi-GAN learning (CoGAN)
任務導向的 GAN	半監督學習	CatGANs, feature matching GANs, VAT, Δ-GAN, Triple-GAN
	遷移學習	DANN, CycleGAN, DiscoGAN, DualGAN, StarGAN, CyCADA, ADDA, FCAN, unsupervised pixel-level domain adaptation (PixelDA)
	強化學習	GAIL

可以看到從幾種不同面向 GAN 的分類；例如，代表變體、訓練、及任務導向。

在應用方面，GAN 也有不同的種類，如下：

■ 表 2.2 GAN 的應用領域。

領域	子領域	方法
影像處理及電腦視覺	超解析度	SRGAN, ESRGAN, Cycle-in-Cycle GANs, SRDGAN, TGAN
	影像合成與處理	DR-GAN, TP-GAN, PG², PSGAN, APDrawingGAN, IGAN, introspective adversarial networks, GauGAN
	紋理合成	MGAN, SGAN, periodic spatial GAN
	物件偵測	Segan, perceptual GAN, MTGAN
	影片	VGAN, DRNET, Pose-GAN, video2video, MoCoGan
序列處理	自然語言處理	RankGAN, IRGAN, TAC-GAN
	音樂	RNN-GAN (C-RNN-GAN), ORGAN, SeqGAN

可以看到分為影像類的、還有文本類的，基本上就是二維數據和一維數據的差別，常見的面向上都有其應用。

2.2.5 小結

本節我們重新回顧了 GAN，其中 DCGAN、PGGAN、CycleGAN、BigGAN、及 StyleGAN，這些架構都可用於影像生成，並回顧了 GAN 的演進，下節我們會介紹 PixelRNN 的內容。

2.3 PixelRNN 原理

Pixel RNN，簡單，卻不失優雅。

2.3.1 提要

● 前言

● RNN 介紹

● Pixel RNN 介紹

● 生成模型比較

● 補充

2.3.2 前言

本節我們會詳細介紹關於 Pixel RNN 的內容；例如，RNN 介紹、Pixel RNN 介紹、及生成模型比較。Pixel RNN 是一個基於深度 RNN 的模型，它可以在二維圖像上利用已知個單像素去生成相鄰的像素，進而以此規則生成新的圖像，不過按照這樣的邏輯來看，它只能以舊有的模式去生成圖像，它沒法以天馬行空的自由發想創意的方式去生成新的圖像，以下我們會詳細介紹它。

2.3.3 RNN 介紹

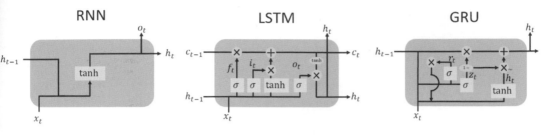

■ 圖 2.5 RNN 相關的架構比較。

循環神經網路 (Recurrent Neural Network，RNN) 是一種在序列數據處理中廣泛使用的神經網路結構。以下是有關 RNN 的簡要介紹：

1. **序列數據處理：** RNN 主要用於處理序列性數據，例如語言、語音、時間序列等。它能夠捕捉數據中的時間相依性和順序信息。

2. **循環結構：** RNN 的特點是在網路中引入循環的連接，使得網路在處理每個時間步的輸入時，能夠考慮之前時間步的信息。這使得 RNN 具有記憶過去的能力。

3. **隱藏狀態：** RNN 中的隱藏狀態 (Hidden State) 在每個時間步都被更新，並且可以捕捉過去的輸入信息。這個隱藏狀態在後續時間步中影響著模型的輸出。

4. **梯度消失和梯度爆炸：** 傳統的 RNN 存在梯度消失和梯度爆炸的問題，導致在處理長序列時難以有效學習長距離的相依關係。為了解決這個問題，出現了一些改進的 RNN 變種，如長短時記憶網路 (LSTM) 和門控循環單元 (GRU)。

5. **應用範疇：** RNN 在自然語言處理中被廣泛應用於語言模型、機器翻譯、語音識別等任務。同時，它也用於處理時間序列數據，如股票價格預測、天氣預報等。

6. **訓練和優化：** 訓練 RNN 模型需要考慮序列長度，通常使用反向傳播算法進行參數優化。然而，由於序列長度的變化，RNN 的訓練可能會變得複雜。

總之，循環神經網路 (RNN) 是一種專門用於處理序列數據的神經網路結構，透過引入循環結構和隱藏狀態，能夠捕捉時間相依性，但也存在著梯度消失和梯度爆炸等問題。

2.3.4　Pixel RNN 介紹

Pixel RNN 是一種用於生成圖像的神經網路模型，其目標是生成符合特定樣式的高質量圖像。以下是有關 Pixel RNN 的簡要介紹：

1. **像素級生成：** Pixel RNN 的主要任務是透過對每個像素進行生成，創建出逼真的圖像。與傳統的生成對抗網路 (GANs) 不同，Pixel RNN 是一種直接對像素進行建模的生成方法。

2. **循環結構：** 與一般的卷積神經網路 (CNN) 不同，Pixel RNN 使用了類似循環神經網路 (RNN) 的結構，以確保生成像素時能夠考慮到上一行和左邊的像素。這樣可以捕捉到圖像中的空間相依性。

3. **訓練策略：** Pixel RNN 使用了一種策略稱為「Teacher Forcing」，即在訓練過程中，將真實的先前像素作為輸入來預測下一個像素。這有助於模型學習到圖像的局部結構和特徵。

4. **多層結構：** 為了更好地捕捉圖像的複雜特徵，Pixel RNN 可以具有多層的結構。每一層都對應於圖像的不同分辨率，從而能夠同時捕捉細節和全局特徵。

5. **生成策略：** 在生成過程中，Pixel RNN 從左上角開始，逐步生成像素，每次生成一個像素後，將其作為下一步生成的輸入。這樣的生成策略確保了生成的圖像在結構和細節上都是一致的。

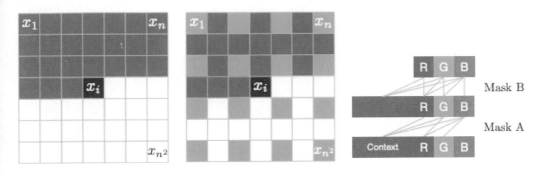

Context　　Multi-scale context

■ 圖 2.6 PixelRNN 的生成步驟。

6. **應用範疇：** Pixel RNN 主要應用於生成逼真的圖像，尤其是在需要特定樣式或結構的場景中。它可以用於生成藝術作品、卡通圖像、風景照片等。

總之，Pixel RNN 是一種基於循環結構的神經網路模型，專門用於生成圖像。透過考慮空間相依性、多層結構和特殊的生成策略，Pixel RNN 能夠生成具有高質量和一致性的圖像內容。

2.3.5　生成模型比較

■ 圖 2.7　生成模型比較。

　　VAE、GAN、Pixel RNN 的方法都有其優點和缺點；例如，VAE 允許我們在具有潛在變量的複雜機率圖形模型中執行學習和高效的貝葉斯推理，但生成的樣本往往有點模糊。GAN 目前可以生成最清晰的圖像，但由於在訓練的動態上並不穩定，它們更難以優化。Pixel RNN 具有非常簡單且穩定的訓練過程 (softmax 損失)，並且目前提供最佳對數似然性 (即生成數據的合理性)。然而，它們在取樣過程中效率相對較低，並且不容易為圖像提供簡單的低維編碼。我們可以持續關注它們後續的發展。

2.3.6　補充：Pixel CNN

　　為了改良 Pixel RNN 效能低落的問題，在原始論文中，也一併提出了 Pixel CNN 的方法，與 Pixel RNN 不同的是，Pixel CNN 可以透過卷積取樣的方法，組成對應的特徵圖，並依照這些特徵圖所蘊含的訊息去生成新的內容，再生成新像素的時候，會將後續預計生成的區塊以遮罩蓋掉，避免被未來圖像的內容影響生成的結果，關於 Pixel RNN 與 Pixel CNN 的生成步驟差異如下圖所示。

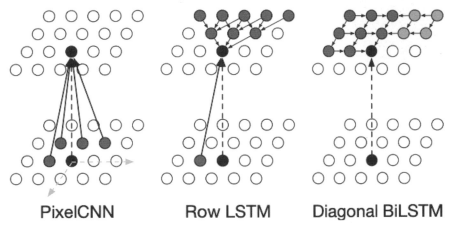

■ 圖 2.8 Pixel RNN 與 Pixel CNN 的比較。

可以看到 Pixel CNN 在生成新像素 (紅點) 的時候，會考慮所有周遭的像素，因為程式在繪圖的坐標系是從左到右及出上到下，所以會把未來像素涵蓋到的位置以遮罩蓋掉，如圖中藍色虛線所示，這樣就不會利用到未來生成的像素影響到當前階段生成像素的內容，以保證其生成的多樣性。

另外還可以看到 Row LSTM 和 Diagonal BiLSTM，這兩種都是 Pixel RNN，差別在於生成的演算法不同，Row LSTM 是透過樹狀結構的方式去生成，至於 Diagonal BiLSTM 是透過雙向鏈結的 LSTM，兩兩配對一組，一次考慮兩個端點，配對後再計算對應的像素值，以此作為基準去生成新的內容。

2.3.7 小結

本節我們回顧了 RNN 的演進，並介紹了關於 Pixel RNN 的內容，Pixel RNN 具有訓練方法簡單、生成數據合理性高的特性，下節會介紹 Flow 相關的內容。

2.4 Flow 原理

Flow，神秘的流派。

2.4.1 提要

- 前言
- Flow 的架構
- Flow 的種類
- Flow 的應用

2.4.2 前言

本節我們會介紹 Flow 的內容，包含：Flow 的架構、Flow 的種類、及 Flow 的應用。~~P.S. 沒寫公式這篇超難講，難度超高啊啊啊~~

2.4.3 Flow 的架構

我們先回顧一下之前提過的內容；例如，VAE 和 GAN，同樣也是生成式模型的架構，三者在架構上有何差異，如下圖。

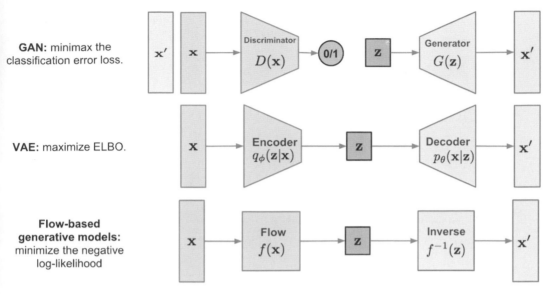

■ 圖 2.9 Flow、GAN、及 VAE 的差異。

列表如下：

1. GAN：生成是對抗網路，主要包含兩個主要組件：生成器 (Generator) 和判別器 (Discriminator)。生成器負責生成與真實數據相似的樣本，而判別器則試圖區分真實數據和生成器生成的數據，訓練過程可以理解為一種最小最大博弈。生成器的目標是最小化判別器對其生成的數據的機率估計，從而生成更逼真的樣本。判別器的目標是最大化對真實數據的識別能力以及對生成的數據的識別能力。

2. VAE： 變分自編碼器，主要組件組成：編碼器 (Encoder) 和解碼器 (Decoder)。編碼器將輸入數據映射到均值和變異數參數，解碼器使用這些參數來生成新的樣本。訓練使用的是一種特殊的損失函數，即「重建損失」和「KL 散度 (Kullback-Leibler divergence)」的組合，透過最大化證據下限 (Evidence lower bound, ELBO) 來隱式優化數據的對數似然 (log likelihood)。

3. 基於流的生成模型是通過一系列可逆變換構建的。與其他兩個不同的是，該模型會直接學習數據分佈 P(x) ，因此損失函數就是負對數似然 (log likelihood) 的函數。

2.4.4 Flow 的種類

有鑑於 Flow 架構的基本概念包含：Jacobian matrix、Determinant、及 Change of Variable Theorem，簡單來說，在將流正規化 (Normalizing Flows) 的時候，透過這三個概念，就可以推導及簡化機率密度的函數，他這個作法是將一個個高斯分佈做疊加，達到模擬對數似然函數的目的，如下圖所示。

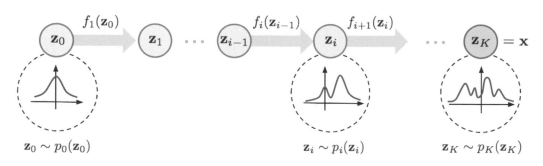

■ 圖 2.10 Flow 的運算方式。

關於 Flow 的變體有很多種類，但不外乎是基於 Jacobian matrix 的性質；例如，Nonlinear Independent Components Estimation (NICE)、Real Non-Volume Preserving (Real NVP)、Generative Flow (Glow)，也有結合 auto regressive 的 Masked autoregressive flow (MAF) 等等。

2.4.5 Flow 的應用

原則上因為是生成模型，所以很適合作為建模任務使用；例如，語音生成、圖像生成、及視頻合成，甚至是圖像壓縮及異常檢測都有其應用。

2.4.6　小結

　　本節我們回顧了 Flow 的架構，它是一個直接模擬數據分佈的模型，其性質可以很好地找到反函數，下節會介紹 Diffusion 的內容。

2.5　Diffusion 原理

Diffusion，終於見到你。

2.5.1　提要

- 前言
- 擴散
- 去噪
- 演算法
- 近期回顧
- 補充

2.5.2　前言

　　本節我們會介紹擴散模型 (Denoising Diffusion Probabilistic Model，DDPM) 相關的內容，包含：擴散 (Diffusion)、去噪 (Denoise)、演算法、近期回顧、及補充。

2.5.3　擴散

　　擴散的過程是前向過程 (forward process)，它會將雜訊加入至原先的圖片當中，直到無法辨識原圖片為止，其中的雜訊是高斯分佈的，也就是常態分佈的雜訊，使用常態分佈的好處是容易理解，整體流程如下圖所示。

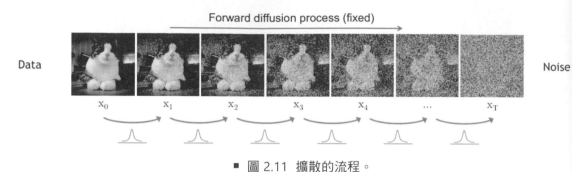

■ 圖 2.11　擴散的流程。

　　可以看到貓的圖片經過加入高斯雜訊的流程，圖像逐步添加了雜訊，直到看不清原圖為止，這個圖像就是隨機雜訊的圖像。

2.5.4　去噪

　　去噪的過程是反向過程 (reverse process)，它會將隨機雜訊的圖像，逐步還原回原始的圖像，整體流程如下圖所示。

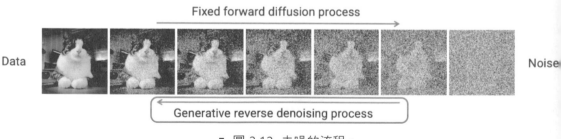

■ 圖 2.12　去噪的流程。

　　可以看到隨機雜訊的圖像，經過層層的去除雜訊處理處理後，會還原成原本的圖像，這就是去噪的學習過程。

2.5.5 演算法

這一小節我們深入探討一下其中的演算法，主要分為訓練、生成兩個部分。

Algorithm 1 Training

1: **repeat**
2:　$\mathbf{x}_0 \sim q(\mathbf{x}_0)$
3:　$t \sim \text{Uniform}(\{1, \ldots, T\})$
4:　$\boldsymbol{\epsilon} \sim \mathcal{N}(\mathbf{0}, \mathbf{I})$
5:　Take gradient descent step on
　　　$\nabla_\theta \left\| \boldsymbol{\epsilon} - \boldsymbol{\epsilon}_\theta(\sqrt{\bar{\alpha}_t}\mathbf{x}_0 + \sqrt{1 - \bar{\alpha}_t}\boldsymbol{\epsilon}, t) \right\|^2$
6: **until** converged

Algorithm 2 Sampling

1: $\mathbf{x}_T \sim \mathcal{N}(\mathbf{0}, \mathbf{I})$
2: **for** $t = T, \ldots, 1$ **do**
3:　$\mathbf{z} \sim \mathcal{N}(\mathbf{0}, \mathbf{I})$ if $t > 1$, else $\mathbf{z} = \mathbf{0}$
4:　$\mathbf{x}_{t-1} = \frac{1}{\sqrt{\alpha_t}} \left(\mathbf{x}_t - \frac{1 - \alpha_t}{\sqrt{1 - \bar{\alpha}_t}} \boldsymbol{\epsilon}_\theta(\mathbf{x}_t, t) \right) + \sigma_t \mathbf{z}$
5: **end for**
6: **return** $\mathbf{x}_0$

■ 圖 2.13 Diffusion 的演算法。

具體來說，原理上在擴散的過程中，實際上是用到了去噪步驟的反向邏輯，那麼是如何做到這點的？我們可以回顧下以前在去噪的做法，一般來說就是使用去噪的自編碼器 (Denoise Auto-encoder, DAE)，在這邊除了原始作法的 DAE 外，還加上了 Score Matching 及 Langevin dynamics 的方法。

Score Matching 是一種參數估計的方法，相較於傳統的蒙地卡羅方法 (Markov Chain Monte Carlo method, MCMC) 較為節省時間，原因是它可以透過複雜函數中的導數去做估計。

Langevin dynamics 是來自於分子動力學的方法，在這邊主要是為了要找到要訓練的目標函數，這個目標函數不是一蹴可幾的，它只有紀錄兩兩狀態之間的關係，讓每一次的變化幅度都相同。

因此，訓練階段，主要是透過目標函數去訓練生成雜訊的模型，而在生成階段，主要是從高斯分佈的雜訊中，用模型生成的雜訊，逐步分離訊號，直到獲得我們所要的生成數據為止。

2.5.6 補充

去噪的其他方法

　　上一小節提到的是利用原始數據與雜訊之間的差異，找到對應的目標函數做訓練，確認了兩者差異的高斯分佈後，就能透過將隨機雜訊圖像扣除目標雜訊後，進而生成隨機的圖像，這是目前比較直觀主流的方式，但這裡有個問題，我們真的有辦法每次都能找到完全乾淨的圖像嗎？在企業的應用場景上，有時候因為拍攝或是其他因素，原始圖像就已經帶有雜訊，可以參考 Noise2Noise 論文當中的方法，可以實現無乾淨數據的去噪，得以使用真正乾淨的數據去訓練 Diffusion Model。

2.5.7 近期回顧

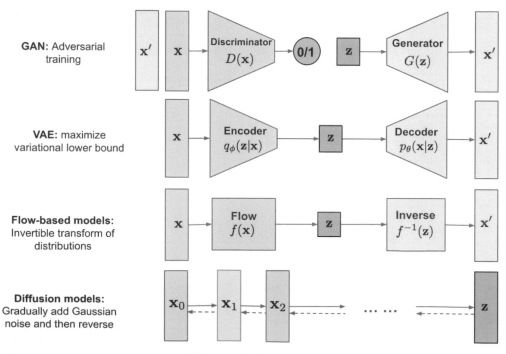

■ 圖 2.14　生成式模型比較。

在這我們簡單回顧一下介紹過的模型；例如，GAN、VAE、Flow-based models、Diffusion models，可以看到他們都是分為兩個組件的架構，而這兩組件是互為逆反的。

但 Diffusion models 與其他模型不同的是，它是採取「間接優化」的方式求解，這個 z 可以將其視為 zipped code，壓縮的編碼，代表著模型學習到的核心內容，以目前觀察到的發展現狀來說，這樣的方法還蠻有效的，至於為何有效？筆者研判是「間接優化」的方式比「直接優化」的方式來說，有更高的機率達到相對優的解，可以想像我們要作畫的時候，如果要畫一座山，少量的一筆一筆慢慢畫會比直接畫一個大三角型更不會出錯，這種做法的好處是錯一點不會怎麼樣，然而只要對一點就可以逐漸增加整幅畫合理的比例，藉此就能大幅提高作畫成功的機率。

2.5.8 小結

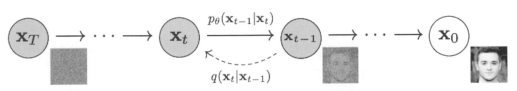

■ 圖 2.15 Diffusion 的步驟。

本節我們介紹了主軸中的 Diffusion Model，其中的關鍵是，學習相鄰兩狀態的關係，找到其目標函數，計算出差異的雜訊，作為添加隨機的反向雜訊的依據，進而生成我們要的數據，後續，我們會接續討論其他的相關方法。

2.6 Transformer 原理

> Transformer，就決定是你了。

2.6.1 提要

- 前言

- 什麼是 Transformer

- Transformer 的由來

- 近年來 DL 模型的演進

2.6.2 前言

本節我們介紹 Transformer 相關的內容，包含：什麼是 Transformer、Transformer 的由來、及近年來 DL 模型的演進。

2.6.3 什麼是 Transformer

Transformer 是一個 seq2seq 的模型，他其中最主要的關鍵是 Attention 的架構，至於是如何做到這點的？它利用了自編碼器 (Auto Encoder) 的架構作為基底延伸，將編碼器 (Encoder) 的輸入全部灌到解碼器 (Decoder)，讓 Decoder 透過 Attention 去決定要學習的特徵，架構圖如下所示。

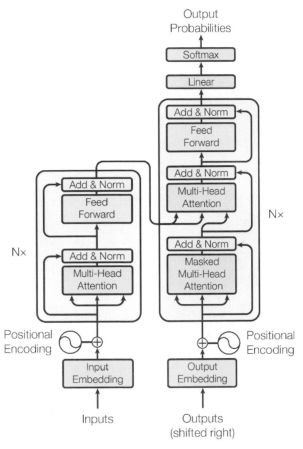

■ 圖 2.16 Transformer 的架構。

2.6.4 Transformer 的由來

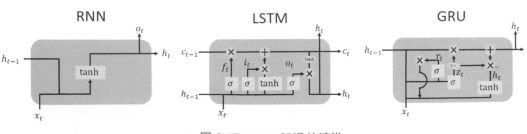

■ 圖 2.17 RNN 架構的演進。

早期的 seq2seq 模型是應用在自然語言領域 (Natural Language Processing, NLP)，其中最著名的就是循環神經網路 (Recurrent Neural Network, RNN)，但它存在著記憶的問題，因其架構上會紀錄兩兩詞彙之間的關係，但這樣的關係會隨著語句的加長遞減，導致越長的語句，跨距離的詞彙關係變得微弱，網路難以學習到有效的特徵，為了解決這樣的問題，後面有人提出了記憶延長的架構，就是著名的長短期記憶 (Long Short Term Memory, LSTM) 及門控循環單元 (Gate Recurrent Unit, GRU) 的架構，LSTM 主要的好處是有遺忘門的機制，可以學習更長語句之間的相同詞彙的關係，GRU 則是 LSTM 的變體，將遺忘門與更新門合併處理，這樣更節省運算資源，不過這些架構依舊存在 tokenize 的限制，因此，受惠於 Attention 的啟發，seq2seq 模型可以學習到全局特徵，這就是 Transformer。

2.6.5　近年來 DL 模型的演進

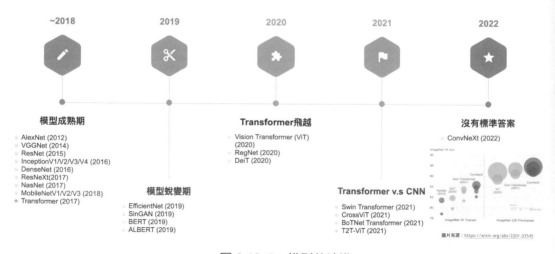

■ 圖 2.18 DL 模型的演進。

在 Transformer 橫空出世後，在圖像處理相關的領域也逐漸有了新的啟發，其中開第一槍的就是著名的 ViT (Vision Transformer)，這是第一個用到 Transformer 的圖像領域的成功研究，承接此研究就是後面著名的 Swin Transformer，它用到了 Slide Window 的機制去減少運算量，從這開始逐漸有人在探討究竟在圖像分類領域的問題處理上，究竟是卷積神經網路 (Convolution Neural Network, CNN) 還是 Transformer 比較好，因此在 2020 的論文 ConvNeXt 中有做了詳盡的討論，作者將其 ResNext 做了修改，將其往 Transformer 架構靠攏，比較了 Swin Transformer，略優於 Swin Transformer，這故事告訴我們沒有最優的架構存在，其中的關鍵在於數據的處理、及當下情境的最適配考量，沒有標準答案。

2.6.6　小結

本節我們介紹了 Transformer 相關的內容；例如，什麼是 Transformer、Transformer 的由來、及近年來 Transformer 的演進，可以看到從文字處理相關領域的 Transformer，進階到 ViT 的架構，就此展開了注意力機制與圖像領域的緣分，下節會介紹 NeRF 的內容。

2.7　NeRF 原理

> NeRF，聽說你是建模達人。

2.7.1　提要

● 前言

● 什麼是 NeRF

● NeRF 的演算法

● NeRF 的特色

2.7.2　前言

本節我們會探討關於 NeRF 的內容，這是一種學習建模方法的模型，包含：什麼是 NeRF、及 NeRF 的演算法。

2.7.3　什麼是 NeRF

神經輻射場 (Neural Radiance Field, NeRF)，是一種會學習場景表示的模型，它會將場景表示為視圖合成的神經輻射場，早期的研究來自 Siren，這是一種以複雜函數去模擬場景建模的方法，相較於 ReLU 要更好，如下圖所示。

■ 圖 2.19 SIREN 與 ReLU 的差異。

NeRF 的方法就是從 Siren 演進來的，這個神經網路訓練的本質與我們以往所認知的有著極大的差異。這邊大家可以思考一個問題，什麼是 AI ？基本上，籠統的說法可以是，AI 是以數據為驅動的演算法，就是所謂的 Data driven，這與早期的專家系統的 Rule driven 有很大的不同。

NeRF 的做法是他先以一個複雜函數模擬對應的一個場景表示，然後去最小化損失函數，最後模型所學習到的權重，就會是那個場景的表示。

在訓練的過程中，會以雷射線做為向量延伸到場景邊界，其中的每個點作為視點 (view point)，因不同的視點會有不同的視角，最終學習到的結果就會是，同個場景內不同視點的不同視角下的觀測表示，參考下圖。

下圖源自於官網的例子，單一視點在恐龍骨架下的場景建模表示。

■ 圖 2.20 NeRF 的博物館展示。

2.7.4 NeRF 的演算法

這節我們要細部拆解其中用到的演算法邏輯；例如，核心概念、形體繪製、位置編碼、及階層取樣。

● 核心概念

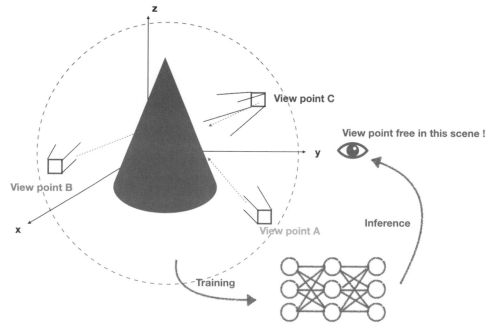

■ 圖 2.21 NeRF 的核心概念。

這邊整理了整個 NeRF 的核心概念，從不同的 view point 做 ray tracing，將不同 view point 對應的資訊輸入進模型做訓練，最後 inference 的結果，就可以從單一場景內的任一 view point 觀看場景的內容，這邊是意圖裡面的是一棵聖誕樹 (定義：綠色圓錐為聖誕樹)，從不同的 view point 去觀看，記錄其不同的視角，輸入到模型中訓練，模型最後會記得的是在任一 view point 的場景內容，就是在任一空間內的點上，在那個點可以看到哪些東西，這就是最後可以 inference 出來的結果。

● 形體繪製

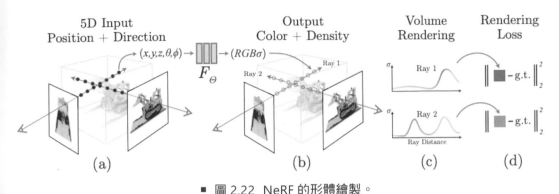

■ 圖 2.22 NeRF 的形體繪製。

模型訓練階段，這邊要講幾個訓練上的依據，(a) 和 (b) 演示了關於定義向量場輸入到多層感知機 (Multilayer Perceptron, MLP) 模型的格式，先從單一雷射線的每點出發，紀錄其 view point 及視角作為輸入，至於細節的解說，主要用到了形體繪製 (volume rendering) 的方法，可以看到 (c) 的示意圖，雷射線碰到要建模的場景裡面的顏色是會有變化的，所以如果指定某個顏色，像這他是選定咖啡色，當雷射線上的點到了接近咖啡色的時候，圖形的曲線就會上升，代表那邊周圍有很多接近咖啡色的色塊，至於下方小圖是指說可能會有重複的顏色，像有時候在場景內會有玻璃，當光線穿過玻璃進到內部及穿出玻璃到外部的兩個位置就會是波峰這樣，在 (d) 中展示了要學習最小化損失，才能讓模型學習的更好，以生成足夠逼真的場景。

● 位置編碼

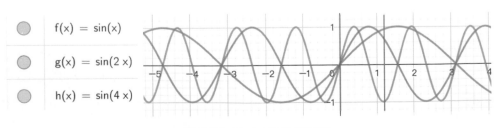

■ 圖 2.23 NeRF 的位置編碼。

位置編碼 (position encoding) 與階層取樣 (hierarchical volume sampling)，這兩個都是在 NeRF 中優化其效果的方法，position encoding 的主要概念是要讓位置的表示式有更複雜的表示，進而強化點與點之間的變化幅度，從前段我們可以知道，雷射線的表示式是線性的，而每一個點與點間的變化是曲線表示，那要如何做到這點？可以看到是用 sin(x), sin(2x), sin(4x) 逐漸去壓縮正弦函數的表示，這樣的好處是讓沿線改變參考點的時候，讓點與點之間的變化幅度增大，這樣就可以有更豐富的表示，能夠掌握空間中細節的變化。

● 階層取樣

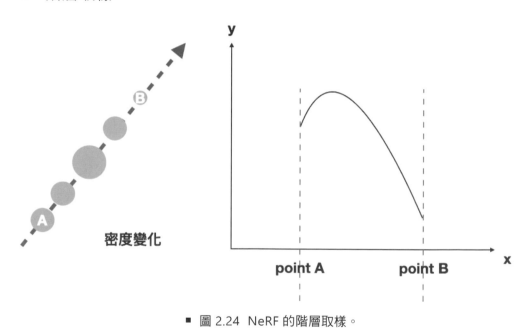

■ 圖 2.24　NeRF 的階層取樣。

階層取樣 (hierarchical volume sampling)，是在 NeRF 中優化其效果的方法，它的作法是設計一個密度函數，讓沿著雷射線的不同點有不同的密度，仔細想其實也蠻合理，像我們在空間中一定有存在一些地方就是空氣，那麼在空氣的沿線觀察，顏色就不會有太多的變化，雖然如此，但還是會存在些細節的變化是我們想要捕捉的，所以可以透過這個方式去擷取到更細節變化，讓建模出來的結果更逼真。

2.7.5 NeRF 的特色

由前一節所示，我們已經知道在這樣的設計底下，場景建模的表示可以非常精細，甚至是光影的效果也能呈現，因此，針對任一場景都可以有非常逼真的表示。

在配備方面，因為是利用階層取樣的緣故，所以不需要使用到非常多張的顯示卡來做訓練，在實作上這樣的做法比較親民，不像有些大型語言模型必須要用到極大的算力來呈現，算是個優點。

另外，訓練出來的模型也非常小 (以論文的例子來看，5MB 左右)，容量小的情況有助於 inference 的速度及實際場景的應用便利性，不過這樣的方法也不是沒有缺點，畢竟他是針對單一場景做建模，多重複雜場景的情況就存在其實際實現的困難度。

雖然如此，這樣的做法給了我們新的啟發，原來模型不是只能吃一維或二維數據，是有方法可以讓模型去存建模的場景的，算是刷新了筆者的三觀吧，只能說關於 AI 的水位真的很深，要面面俱到真的非常不容易。

2.7.6 補充 : 3D Gaussian Splatting

3D Gaussian Splatting 是近期崛起的新技術，它改良了以往 NeRF 的作法上的缺失，具有快速生成的特點。

以下列舉幾個特色：

1. 訓練速度

2. 技術整合

3. 顯式表示 (Explicit Representation, ER)

4. 球協函數 (Sphere Harmonic, SH)

訓練速度的部分，模型的訓練時間大約和 NeRF 差了 100 倍，雖然精細度還是有些落差，但肉眼看起來並不會太明顯。

技術整合的部分，與 NeRF 類似，它也結合了電腦圖學和深度學習的技術，唯兩者不同之處在於它調整了訓練神經網路的方式，相當於輻射向量場 (Radiation Field) 扣掉神經網路渲染的部分，避開了神經網路模型訓練中的「黑盒」問題，下圖為訓練模型更新參數的過程。

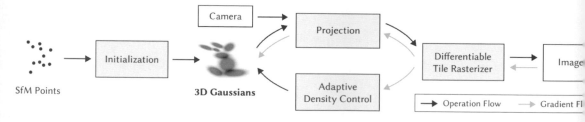

■ 圖 2.25 3D 點雲建模的高斯表示。

顯式表示的部分，不同於 NeRF 的隱式表示方法，將其改為高斯分布去取樣，以此為基準生成建模的內容，也因此相較於傳統的電腦圖學來說，可以快速建模，下圖展示了建模的過程，無論繪製的高斯點大小，最後都會貼齊需要繪製的範圍。

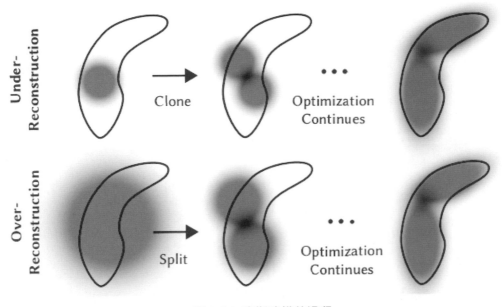

■ 圖 2.26 高斯建模的過程。

　　球協函數的部分，這是一種模擬球狀表示的函數，它可以清楚地表示 3D 場景的光影狀態，我們可以想像空間中的每點都是球面，光線照射的亮暗程度隨著角度而有所不同。

　　以下是整個過程的更詳細資訊 - 從輸入影像到最終 3D 場景：

1. 擷取輸入影像：從周圍的多個視點拍攝真實場景。

2. 使用 SfM 重建相機：在輸入照片上執行運動結構 (Structure from Motion, SfM) 以重建相機姿勢。

3. 產生稀疏點雲：SfM 也會產生場景的稀疏 3D 點雲作為副產品。

4. 初始化高斯：建立以 SfM 點雲中每個點為中心的 3D 高斯「splat」。

5. 優化高斯參數：從輸入攝影機視圖渲染高斯並與原始影像進行比較。使用漸層優化高斯位置、大小、方向以符合照片。

6. 自適應密度控制：在最佳化過程中逐漸增加、刪除、分割高斯，以在需要時增加細節。

7. 使用 SH 照明表示顏色：使用球協函數對高斯上依賴視圖的照明進行建模。

8. 光柵化和最終渲染：將最佳化的 3D 高斯投影到影像平面和 alpha 混合。

整體流程如下圖。

1. Input

2. Camera SfM construction

3~4. 3D point Cloud

5~8. Gaussian splatting

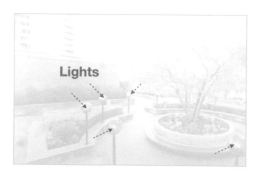

■ 圖 2.27　Gassian Splatting 建模的步驟。

2.7.7 小結

本節我們探討了關於 NeRF 的內容；例如，什麼是 NeRF、NeRF 的演算法、及 NeRF 的特色，並補充了關於 3D Gaussian Splatting 的內容，下節會接續 GAI 中的演算法做詳細的探討。

2.8 CLIP 原理

CLIP，文字圖像你都會？

2.8.1 提要

● 前言

● 什麼是 CLIP

● CLIP 的演算法

● CLIP 的特色

2.8.2 前言

本節我們介紹 CLIP 相關的內容，CLIP 是一個結合文字與影像的編碼器，它的概念來自於前期的 conVIRT 優化，conVIRT 是一個關於醫療影像的對比式學習研究，本節內容包含：什麼是 CLIP、CLIP 的演算法、及 CLIP 的特色。

2.8.3 什麼是 CLIP

基本上就是一個文字與影像的編碼器，它可以歸納出文字與影像間的關係，並自動將其分類，透過文字 prompt 方式呈現標記，另外，它也是 zero shot 的分類器，zero shot 的概念最早來自於對比學習 (contrastive learning)，這個方法是基於機器學習 (machine learning, ML) 底下的非監督式學習 (unsupervised learning) 的分支，參考下圖。

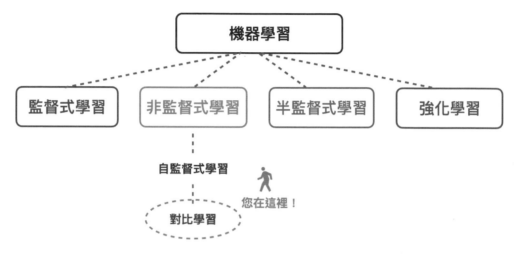

■ 圖 2.28　對比學習的所屬種類。最新版 AI 火災逃生圖

可以看到就是說對比學習是自監督式學習 (self-supervised learning) 的一種方法，那為何我們會需要用到這個？原因是因為在實際場景底下，有時候我們沒法拿到足夠多的樣本讓我們去以監督式學習的方法訓練模型，像是一些腫瘤、不常出現的表面瑕疵等等的這些影像，在這樣的情況底下我們就可以利用 few shot learning 的方法去解決，其中 one shot learning 算是 few shot learning 的一個特例，這裡面的核心概念就是用少量樣本去歸納出新的類別，換句話說，就是讓模型有自行推理的能力，zero shot learning 也是類似的概念，即使你沒有新類別的影像，也可以透過歸納既有影像的方式去推算出新的影像應該歸在哪一個類別，不過，這樣的方法也不是沒有缺點的，如果新的樣本與原始樣本的所有種類都差距很大，模型的表現就會非常差，這對比到我們人類學習東西也是一樣，一個新的、完全沒看過、完全與既有認知有極大差異的事物，就很難從既有認知去理解是一樣的道理。

2.8.4 CLIP 的演算法

詳細的 CLIP 演算法，可以參考下圖。

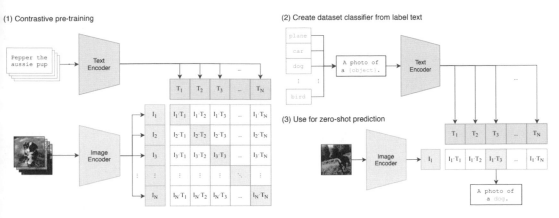

■ 圖 2.29 CLIP 的演算法。

可以看到這邊兩個輸入，一個是 image classifier，一個是 text classifier，他這邊是有設計了對應的 text image pair 作為輸入，構建一個對比式學習的預訓練模型 (pre-trained model)，矩陣對角線上的元素，以向量內積數值應為最大，因為是對應的 key pair，再來是構建數據集的分類器，作為標籤文字使用，其中一個重要的概念是 prompt，他讓最後 predict 出來的文字可以是動態的，能夠依照 zero shot learning 出的類別分類套用到最後輸出的文字。

2.8.5 CLIP 的特色

主要介紹三個部分，分別是：整體、Linear probe 比較、及人類比較，我們可以先從整體著手來看，參考下圖。

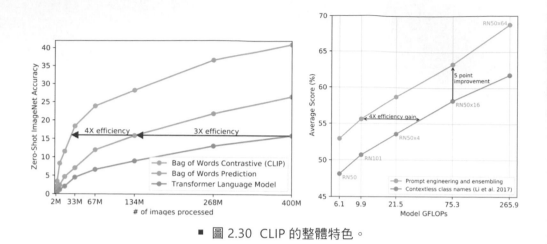

■ 圖 2.30　CLIP 的整體特色。

　　左圖在對比式學習上，表示了不同模型間的性能比較，使用了三種模型，分別是：Transformer、Bag of Words Prediction (不考慮文字間的順序)、及 CLIP，可以看到 CLIP 優於 Prediction 有 4 倍，Prediction 優於 Transformer 有 3 倍。

　　右圖是表示說在有用 prompt 的情況下，無論是性能或是效能都有顯著提升，可見其 " 咒語工程 " 的重要性，這些基準值可以看到是用 ResNet50 下去做實驗的。

　　再來是 CLIP 與 imagenet，如下圖所示。

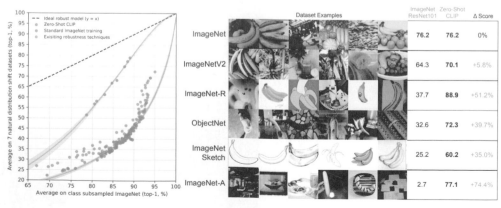

■ 圖 2.31　CLIP 與 ImageNet 比較。

這邊顯示的就很厲害了，意思是說 Zero-Shot CLIP 的方法都比基於 ImageNet 訓練的 ResNet101 都還要好，最下面的那列顯示對比式學習的威力，用複雜的影像去驗證在不同的數據底下，是否 CLIP 都能保持良好的性能。

第二部分是 Linear-Probe 比較，參考下圖。

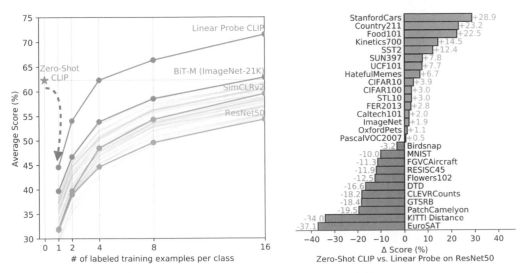

■ 圖 2.32　CLIP 與 Linear-Probe 的比較。

在開始之前，要先說明一下什麼是 Linear Probe，Linear Probe 是一種 pretraining 的方法，如下圖。

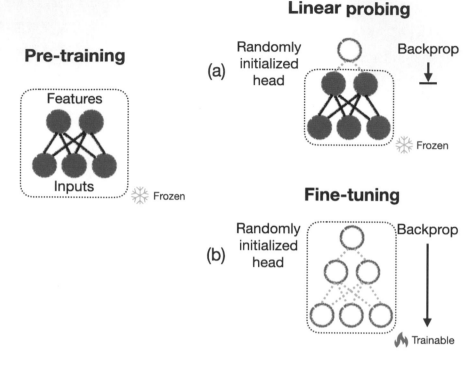

■ 圖 2.33 Pre-training 的兩種方法。

可以看到兩者主要的差異是 Fine-tuning 會以倒傳遞算法 (back-propagation) 去更新所有層的參數，但 Linear probing 只會更新沒有 Frozen 的 layer，像 (a) 這邊的 Frozen layer 應為 2 層，它主要將類別輸出的全連接層去掉。

回歸到右圖，可以看到因為一開始將 Linear probe 加入 CLIP，所以效能會下降，接著逐步上升，表現也比其他的要好，左圖的部分，有些多類別的數據集比 ResNet + Linear probe 還要好，蠻驚艷的，另外像是 MNIST 及 EuroSAT (衛星圖的數據集)，表現差蠻多的，原因研判是因為從網路上蒐集的 400M 圖片，關於手寫及衛星相關的圖比較少，所以很難去從這些數據去歸納這些新類別。

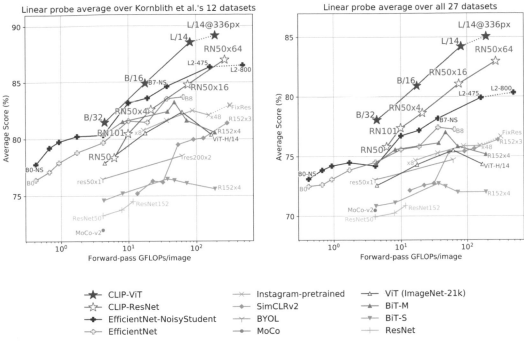

■ 圖 2.34 Linear Probe CLIP 與其他常見視覺模型的比較。

最後是人類比較，我們會想了解說以它這樣對比式學習的方式是否跟人類學習的方法接近？先上比較圖。

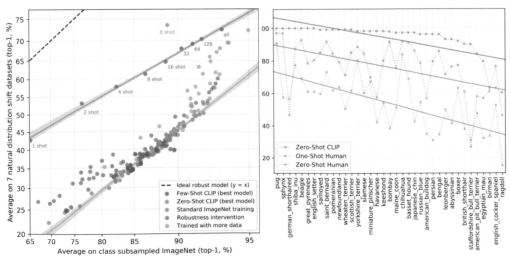

■ 圖 2.35 對比式學習與人類方法比較。

結果顯示這樣的學習方式與人類還是有所不同，原因是在 zero shot 到 few shot 的變化上，人類有顯著提升，像我們多看影像及對應標記幾次，將能有助於理解這個東西，但在 CLIP 上卻不是這麼回事，可以看到 zero shot 還比 few shot 來說更有穩健性 (robustness)。

2.8.6 補充：Alpha-CLIP

Alpha-CLIP 是增強版的 CLIP，相較於 CLIP 增加了 alpha 通道以獲取更好的性能，alpha 通道源自於 RGBA 的系統，意思是三原色加上透明度以更完備地表示圖像的細緻度，可以應用在四種場域；例如，LLM (Large Language Model)、NeRF、Diffusion、 及 SAM (Segmentation Anything Model)，如下圖所示。

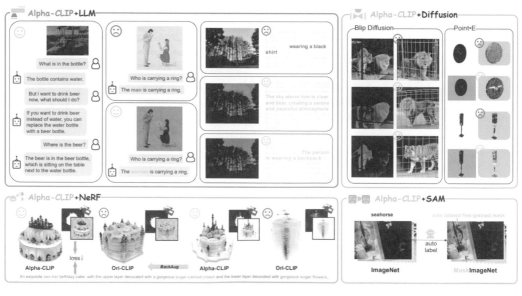

■ 圖 2.36 Alpha-CLIP 的應用。

以往 CLIP 的作法，為了要找到圖像與其對應字樣的配對，因此能夠辨別圖像中的關鍵區域尤為重要，目前主流作法有兩種方式，一種是將關鍵位置框選出來，將其裁減 (cropping) 及遮蔽 (masking) 其不需要學習的內容，以供 CLIP 中的編碼器學習其中的特徵，但這種做法會影響圖像中所學習到的連續資訊，所以無法很好地區分不同物體的特徵，可以注意到老虎跟獅子在生成新圖像的時候，獅子身上會有老虎的斑紋，如下圖所示。

■ 圖 2.37 裁減圖片或遮蔽圖片的缺點。

另外一種做法是在輸入 CLIP 前的圖像進行前處理，將框選的紅線畫在圖像上，但會修改到原本的圖像，或是透過方格保留關鍵範圍，其他遮蔽掉，這樣的方法叫做特徵遮罩 (feature masking)，但一樣有保留非遮蔽區域的問題，如下圖所示。

■ 圖 2.38　紅色框選圖片或特徵遮罩圖片的缺點

　　Alpha-CLIP 能夠透過精確範圍的區域描述學習到的特徵，保證了連續性及影像的細緻度，不會有像是圖像特徵的連續性干擾，內容重疊或框選彈性較差、內容不連續、修改到原始圖像的問題，可以注意到獅子及老虎的特徵學習不再限於框選方式，而是以該物體的實際範圍決定，淡紅色的位置，如下圖所示。

■ 圖 2.39　Alpha-CLIP 的特色。

早期的研究當中，為了能夠讓 CLIP 的圖像與文字匹配有更好的效果，核心概念是加強圖像與文字的匹配度，主要有兩大方向，一個是強化區域的感知能力，另一個是強化原始數據。強化區域感知能力的部分，一種是強化框選位置，是在探討如何能夠框選地更精確，如下圖所示。

■ 圖 2.40 框選位置的強化。

另外一種則是裁剪原始圖片以便更好的匹配實際對應的文字項目，參考下圖。

■ 圖 2.41 原始圖片的裁剪。

　　強化原始數據的部分，以往使用的數據集，大都是公開的數據集，雖然具有數據量足夠多的優點，但還是有些缺點，由於標記 (labeling) 的工作是由不同人個別進行的，為了要能快速地標記這些數據，設定的標記規則不能太過複雜，因此目前標記出來的結果圖片對應的標籤比較單純，大部分是一對一；例如，一張有杯子的照片對應「杯子」字樣，但同樣一個金屬杯子在不同的光線照射角度下色澤會有些微不同，一對一的圖片與標籤對應就無法做出區別。為了解決這樣的問題，我們可以加入 alpha 的通道，透過不同透明度的表示式，就能表示不同角度下照射的金屬杯子，如下圖所示。

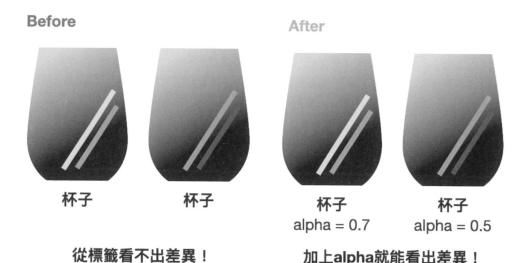

■ 圖 2.42　增加 alpha 通道的杯子表示。

　　雖然理想很美好，但現實很骨感，公開數據集的資料動輒幾萬張以上，我們不太可能手動一張張解析出對應的 alpha 通道數值並重新標記，因此 Alpha-CLIP 提供了一個有效率的方法，透過通用穩健圖像任務的基準 (General Robust Image Task, GRIT) 與可分割任意形狀的模型 (Segment Anything Model, SAM) 的方式來做到，GRIT 是近年在圖像領域提出的一個性能評估標準，如下圖所示。

General Robust Image Task Benchmark

Generality

Evaluate performance to novel domains and novel concepts for each task

Robustness

Measure performance degradation with image perturbations

Calibration

Quantify misinformation and confidence calibration

Tasks

Object Categorization   Referring Expression Grounding

Object Localization   Visual Question Answering

Segmentation   Person Keypoint Detection

Surface Normal Estimation

■ 圖 2.43 GRIT，通用穩健圖像任務的基準。

再來我們來看 Alpha-CLIP 的演算法，主要分為兩大部分，第一部分是數據的處理，必須要先生成 CLIP 可以使用的數據，第二部分是 Alpha-CLIP 的編碼器，透過其去修改 CLIP 的圖片編碼器以獲得 alpha 的通道及對應的 RGB 訊息。

數據處理的部分，架構圖如下所示。

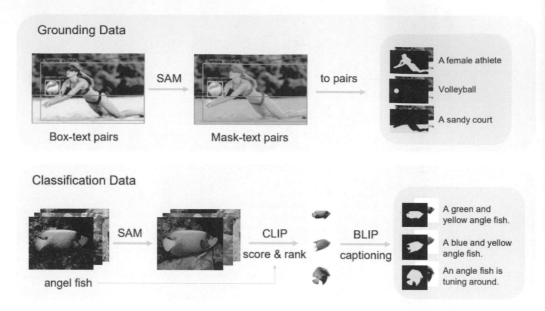

　　實際數據的流程，可以看到框選的圖片與其對應的字樣輸入到 SAM 後，SAM 會將其分為不同的主題，並給予對應的遮罩，不同的遮罩會有對應的不同字樣以便區分；分類數據的流程，將天使魚的圖片作為 SAM 的輸入，再透過 CLIP 取得其對應的分數及排序，最後由 BLIP 標記對應字樣到不同主題的遮罩上，這裡用到的是 BLIP-2，一種圖生文的模型，它可以以圖片作為輸入，並輸出一段文字描述這張圖片的涵蓋內容。

　　再來是 Alpha-CLIP 的編碼器部分，先上架構圖。

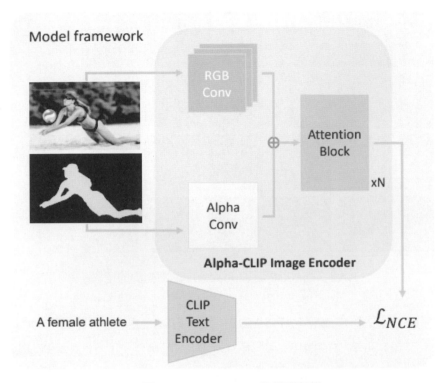

　　可以看到從上個步驟得到的遮罩，會作為這步驟的輸入，原始影像會用
RGB 的卷積去萃取其中的特徵，至於遮罩會由 Alpha 的卷積去萃取其中的
特徵，並將這些特徵圖以注意力區塊去激活特定主題的特徵，將其作為修改
CLIP 文自編碼器的參考，並以一組共用的損失函數做為修改標準，進而去
優化 CLIP 的表現，達到同張圖片卻能關注其中不同主題的效果。

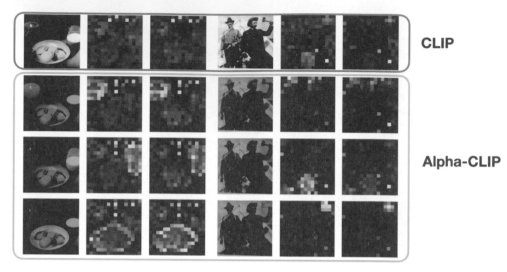

■ 圖 2.46 CLIP 與 Alpha-CLIP 注意力圖的差異。

　　最後我們看下 CLIP 與 Alpha-CLIP 注意力圖的差異，可以觀察到 Alpha-CLIP 除了可以支援不同主題外，在同張圖的對應主題的注意力激活區塊來看，正確性還蠻高的，無論是常見物體；例如，餐盤、杯子，或是人都有不錯的表現。

2.8.7　小結

　　本節我們介紹了關於 CLIP 的內容；例如，什麼是CLIP、CLIP的演算法、CLIP 的特色、及 Alpha-CLIP，CLIP 是結合了文字編碼器與影像編碼器，並學習其中的對應關係，自動歸納到對應的類別當中。

第三章

Stable Diffusion 的相關原理

3.1　　Stable Diffusion 原理

3.2　　Prompt Engineering

3.3　　PEFT - 效率調參的方法介紹

3.4　　Embedding 原理

3.5　　Dreambooth 原理

3.6　　LoRA 原理

3.7　　HyperNetwork 原理

3.8　　ControlNet 原理

3.9　　Super Resolution - SwinIR

3.10　SD XL 原理

3.11　圖像生成模型的優化

3.12　圖像生成模型的分析

在本章中，我們將探索 Stable Diffusion 相關的原理，包含 :Stable Diffusion 原理、Prompt Engineering、PEFT- 效率調參方法介紹、Embedding 原理、Dreambooth 原理、LoRA 原理、HyperNetwork 原理、ControlNet 原理、Super Resolution - SwinIR、SD XL 原理、圖像生成模型的優化、及圖像生成模型的分析。

3.1 Stable Diffusion 原理

Stable Diffusion，來吧！

3.1.1 提要

- 前言
- 什麼是 Stable Diffusion
- Stable Diffusion 的演算法
- Stable Diffusion 的特色

3.1.2 前言

本節我們會介紹 Stable Diffusion 相關的內容，一路鋪陳下來，總算進入了系列文的核心，本節內容包含：什麼是 Stable Diffusion、Stable Diffusion 的演算法、及 Stable Diffusion 的特色。

在開始之前，稍微花點時間回顧下之前講述過的內容，可以對照一下差異。

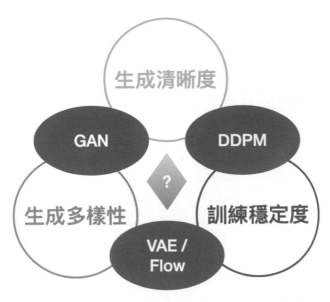

■ 圖 3.1　GAN、DDPM、VAE、及 Flow 的比較。

　　我們前面提過了 GAN、DDPM(Denoising Diffusion Probabilistic Model)、VAE(Variational Autoencoder)、及 Flow 等模型，可以看到主要以三種維度做區分，其中：GAN 適合生成高品質的影像及能夠快速生成，DDPM 相較於 GAN 來說生成較慢、但模式覆蓋 / 多樣性較好，至於 VAE 及 Flow 則是生成高品質的影像會較差。

3.1.3　什麼是 Stable Diffusion

　　Stable Diffusion 是基於 Diffusion 去改良的模型，主要的概念與 Diffusion 類似，一樣是擴散及去噪的兩過過程，只是它與 Diffusion 不同的是，它是將這兩個過程映射到潛空間 (Latent Space)，進而減少原本 Diffusion 的運算量，並提升在少量訓練的情況下的模型精度，也就是能生成高解析度的圖片，研究團隊在 5 萬張樣本做了訓練測試，使用單張 A100 的 GPU 大約花了 5 天即完成，驗證了單卡訓練的可行性，不同於以往使用大量

V100 的 GPU 訓練 100-1500 天起跳，可見其進展的幅度，下一節我們會拆解其架構，並解釋其中的原理。

3.1.4 Stable Diffusion 的演算法

先上架構圖，如下圖所示。

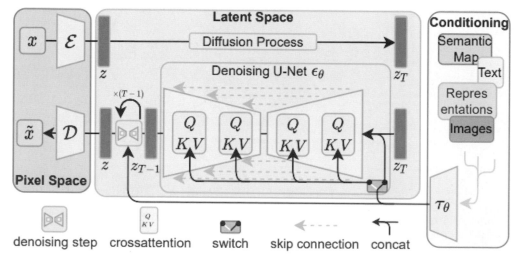

■ 圖 3.2　Stable Diffusion 的架構。

首先，紅色區塊，會有一個訓練好的自編碼器 (Auto Encoder)，這是一個泛用的壓縮模型，可以用來生成不同的 Diffusion Model，整體的壓縮流程其實經過了兩個階段：第一階段做感知壓縮 (perceptual compression)，這是將高頻訊息移除並保留細微語意變化 (semantic variation) 的部分，第二階段做語意壓縮 (semantic compression)，為的是要找到感知等價但運算量更少的空間，就是下段綠色區塊要做的事情。

其次，綠色區塊，擴散的過程當中，因其使用了似然生成模型 (likelihood-based generative model)，所以可以更關注重要的語意訊息 (semantic message)，並更快速的訓練模型，在一個低維度的空間收斂，這就是 Latent Diffusion Model。去噪的階段，引入了 Conditioning Mechanisms，在既有 DDPM 的架構底下，允許不同型態的輸入；例如，文本、影像、及其他等，透過交叉注意力 (cross attention) 的機制去強化 Unet 所學習到的內容。

3.1.5 Stable Diffusion 的特色

總結來說，Stable Diffusion 改良了部分 Diffusion 的缺點，它將高維度的二維訊息轉換到低維度的空間處理，除了保留原始圖像的精細度外，也忽略不必要保留的細微訊息，所以訓練模型的時間節省很多，它也允許以文生圖、以圖生圖、以景生圖 (這部分與 ControlNet 相關)、提高解析度、及圖片修補等操作，這承襲了 Diffusion 的特性，不過它也是有些限制，因為其捨棄了原始 DDPM 在 Pixel Space 的 sampling 操作，所以對於極度細緻的影像生成，會有其難度，而雖然它降低了運算量，但是生成的時間比 GAN 要更長，再來期待後續的架構優化了。

3.1.6 Stable Diffusion 使用的數據集

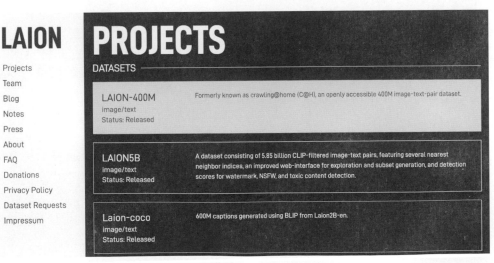

■ 圖 3.3 LAION 公開資料集頁面。

Stable Diffusion 這類的開源模型，都是透過公開數據集去訓練的；例如，LAION-400M，參考上圖。可以參考這個網址：https://rom1504.github.io/clip-retrieval/，以此去檢查是否自己或其他相關的影像有被收納進去作為訓練素材，若有問題可以發信向他們反映。

3.1.7 Stable Diffusion 預設取樣方法

關於 Stable Diffusion 的預設取樣方法，是使用到了流形擴散模型的虛擬數值方法 (pseudo numerical method for diffusion models on manifolds, PNDM)，PNDM 這個方法是基於去雜訊擴散隱式模型 (denoising diffusion implicit models, DDIM) 的改良。DDIM 是前期優化 DDPM 的一種方法，它透過調整馬可夫鏈及簡化去雜訊公式，可以有效地加速 DDPM，但生成的品質下降。PNDM 改良了其生成品質不佳的缺陷，方法是透過證明找到 DDIM 是 PNDM 的一個簡化特例，並通過實驗發現 PNDM 中以線性的方法為最佳，與 DDIM 相比，生成速度上升約 20 倍，並有更好的泛化能力。

3.1.8 小結

本節我們介紹了關於 Stable Diffusion 的內容；例如，什麼是 Stable Diffusion、Stable Diffusion 的演算法、Stable Diffusion 的特色，最後，我們談到了關於 Stable Diffusion 所使用的數據集和預設的取樣方法。

3.2 Prompt Engineering

提示詞工程，究竟是啥玩意？

3.2.1 提要

● 前言

● 什麼是 Prompt Engineering

● Prompt Engineering 的特色

● Prompt Engineering 的應用

3.2.2 前言

本節我們會介紹 Prompt Engineering 相關的內容，Prompt Engineering 是提示詞工程，它是以提示詞作為輸入，進而去增強模型表現的方法統稱，本節內容包含：什麼是 Prompt Engineering、Prompt Engineering 的方法、及 Prompt Engineering 的應用。

3.2.3 什麼是 Prompt Engineering

提示詞工程，它是在大型預訓練模型 (Large pre-trained Model) 中，大型預訓練模型又可稱為基礎模型 (Foundation Model)，透過輸入特定任務的提示，進而有效地增強模型在該任務表現的方法。具體而言，這些提示的組成可以是一段文字；例如，**自然語言的指示** (natural language instruction)，無論是手動或自動創建的，抑或是**自動生成的向量表示** (automated generated vector representation)，這些輸入都可以一定程度的強化模型的表現能力，在視覺相關的領域中，可藉由提示詞工程去強化特定種類模型的性能；例如，多模態到文本 (Multimodal-to-Text Generation)、圖文匹配 (Image-Text Matching)，像是 CLIP、文生圖 (Text-to-Image)，像是 Stable Diffusion，如下圖所示。

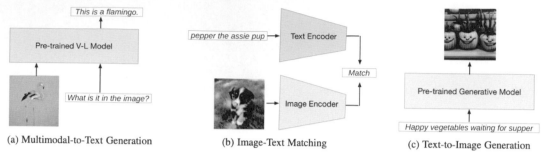

(a) Multimodal-to-Text Generation　　(b) Image-Text Matching　　(c) Text-to-Image Generation

■ 圖 3.4　視覺基礎模型的使用範疇。

提示詞工程與大型預訓練模型的同時出現並獲得了突出地位，一同導致了機器學習 (ML) 的範式轉變。傳統範式需要標記大量數據，然後從頭開始訓練特定於任務的 ML 模型或微調預訓練的大型模型。該模型的性能在很大程度上依賴於標記數據的品質和數量，而獲取這些數據可能需要消耗大量資源。另外，傳統範式需要在一定程度上調整模型的參數，即從頭開始訓練機器學習模型的整個參數，或在參數高效微調的情況下完全微調預訓練的模型和部分參數。這限制了 ML 模型的可擴展性，並且每項任務都需要特定的模型副本。

3.2.4　Prompt Engineering 的方法

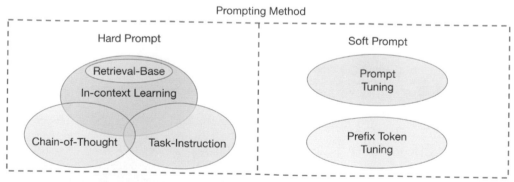

■ 圖 3.5　提示詞方法的種類。

提示詞工程的方法基本可以分為兩類，分別是：硬提示詞 (Hard Prompt)、軟提示詞 (Soft Prompt)。

硬提示詞，又稱為離散提示 (discrete prompts)，是所謂的自然語言指示 (Natural Language Instructions)，主要分為三個種類，分別是：上下文學習 (In-context Learning)、思考鏈 (Chain-of-Thought)、任務指示 (Task-Instruction)。

上下文學習，是一種提示方法，透過在相關情境中為模型提供說明或演示來解決新任務，而無需額外訓練。基於檢索的提示 (Retrieval-Base Prompt)，是一種涉及使用檢索技術選擇提示詞或上下文的方法。在這種方法中，模型從提示池或外部知識庫中檢索相關提示或上下文，以指導其生成或決策過程。思考鏈，也是一種提示方法，透過指示模型產生一系列中間動作來指導解決多步驟問題並達到最終解決方案，從而增強推理技能。至於任務指示，此方法涉及使用精心設計的提示，提供明確的任務相關指令來指導模型的行為。為了方便理解這些概念，參考下圖。

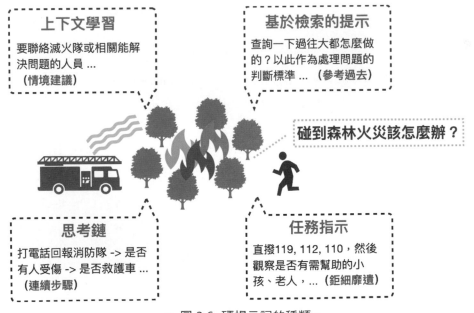

■ 圖 3.6 硬提示詞的種類。

　　軟提示詞，又稱為連續提示 (continuous prompts)，是所謂的連續向量表示 (vector representation)，基於梯度微調的方法，主要分為兩大種類，分別是：提示調整 (Prompt Tuning)、前綴標記調整 (Prefix Token Tuning)。

　　提示調整，建立連續向量表示作為輸入提示。在訓練過程中，模型學習細化的提示，旨在提高其在特定任務上的表現。此方法使模型能夠根據對任務的理解動態產生有效的提示。與提示調整類似，前綴標記調整涉及向輸入添加特定於任務的向量。然而，在這種情況下，這些向量被插入到所有模型層中，並且可以獨立訓練和更新，同時保持預訓練模型的其餘參數凍結。**值得注意的是，這些提示方法並不是互相排斥的。它們可以組合並一起使用，以在各種設定和任務中實現所需的結果。**提示方法的選擇取決於特定的任務、數據集的可用性、及模型行為所需的控制和自訂等級。

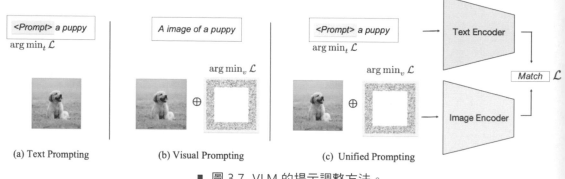

- 圖 3.7　VLM 的提示調整方法。

　　參考上圖，圖文匹配 VLM (vision-language models) 的提示調整可以應用於不同的分支；例如，文字提示 (Text Prompting)、視覺提示 (Visual Prompting)、輸入資料的統一提示 (Unified Prompting)，淺藍色框表示可學習的參數。

3.2.5 Prompt Engineering 的應用

多模態到文本 (Multimodal-to-Text Generation) 方面，應用涵蓋：視覺問答 (Visual Question Answer, VQA)、視覺常識推理 (Visual Commonsense Reasoning)、零樣本影像分類 (Zero-shot Image Classification)、影像字幕 (Image Captioning)、及聊天機器人 (Chatbot)。

視覺問答，目標是訓練模型理解圖像中的信息並用自然語言回答有關圖像的問題；**視覺常識推理**，此任務需要了解現實世界中日常物件的屬性；例如，物件大小推理、物件顏色推理；提示與大型預訓練多模態模型相結合，在域外測試資料上；例如，**零樣本影像分類**，顯示出良好的可遷移性；**影像字幕**，給定圖像生成描述是典型的多模態到文字生成任務，需要理解視覺和語言訊息；ChatGPT 等**聊天機器人**的出現是人工智慧研究中最引人注目的突破的其中之一。

圖文匹配 (Image-Text Matching) 方面，應用涵蓋：圖像分類 (Image Classification)、文字分類 (Text Classification)、物件偵測 (Object Detection)、視覺關係檢測 (Visual Relation Detection)、語意分割 (Semantic Segmentation)、領域適應 (Domain Adaptation)、持續學習 (Continual Learning)、領域泛化 (Domain Generalization)。

圖像分類在電腦視覺領域已被廣泛研究多年，透過提示 VLM 中的文字編碼器，提出了一種新的物件分類方法；**文字分類**似乎提出了類似於圖像分類的雙重挑戰，已經有研究使用有關不同類別的視覺提示來更好地利用視覺訊息進行文字分類；**物件偵測**旨在預測影像中物件邊界框的類別標籤；**視覺關係檢測**是一項電腦視覺任務，旨在提取影像中物件之間的關係；**語意分割**是一項經典的電腦視覺任務，其目標是將像素分配給一個類別標籤；提示學習還可以在測試**域適應**等任務中持續學習預訓練模型，其目的是使模型適應分佈變化下的未標記測試資料；**持續學習**的目的是解決非平穩資料分佈中的災難性遺忘；**領域泛化**的目標是使模型適應訓練階段未見過的領域。

文生圖 (Text-to-Image) 方面，應用涵蓋：產生合成訓練數據 (Generating Synthetic Training Data)、目標域中產生數據 (Generating Data in Target Domain)。

產生合成訓練數據：最近的進展引發了人們對將文字到影像模型作為創新的合成訓練資料產生器的興趣日益增長，用於各種任務下游任務；例如，分割、物件偵測、及影像識別；**目標域中產生數據**：除了訓練資料產生器的作用之外，擴散模型作為目標資料產生器也扮演關鍵角色。重要的是，它們的功能超出了影像生成的範圍。它們可以有效地產生視訊數據、三維數據和動作數據，進一步拓寬其應用範圍和效用。具體來說，分為四種；例如，文字到影片的生成 (Text-to-Video Generation)、文字到 3D 的生成 (Text-to-3D Generation)、文字到動作的生成 (Text-to-Motion Generation)、及複雜條件場景的生成 (Complex Conditional Scene Generation)。

若是有需要查詢相關的提示詞，筆者推薦一個網站：prompt hero，網址為：https://prompthero.com/，參考下圖。

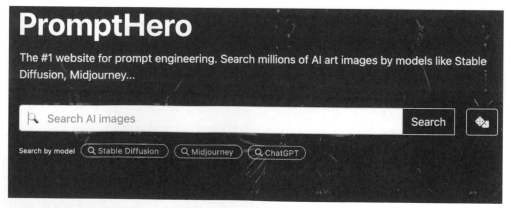

■ 圖 3.8 Prompt Hero 介面。

3.2.6 小結

本節我們介紹了關於 Prompt Engineering 的內容；例如，什麼是 Prompt Engineering、Prompt Engineering 的方法、Prompt Engineering 的應用。可以觀察到提示詞功能的主軸是以不調整模型架構的模式下，有效地透過輸入提示詞以提升其表現的方法，下節會進一步介紹效率調參的相關內容。

3.3 PEFT - 效率調參的方法介紹

效率調參，基礎模型升級的速效良方！

3.3.1 提要

- 前言
- 什麼是 PEFT
- PEFT 的方法
- PEFT 的特色

3.3.2 前言

2017 年，Transformer 橫空出世，這個架構出現之後很大程度了改變 AI 生態系的發展，隔年，BERT Large 出現，它是當年參數量最大的語言模型，達到 3.5 億個參數，時光荏苒，不到幾年的光景，已經有模型達到 1 兆個參數；例如，Bloom，這使得要重新訓練或微調大型模型變得更加困難，無論是硬體架構的優化，或是軟體設計的調整，都無法很好地解決這個問題，因此有效率地去調整模型的參數，近年來成為了一項重要的工作，本節內容包含：前言、什麼是 PEFT、PEFT 的演算法、及 PEFT 的特色。

3.3.3　什麼是 PEFT

　　早期模型參數開始上升的時候，已有方法可以不需要重新訓練整個模型；例如，上下文學習 (In-context Learning)，它能很好地將訓練任務拆分，批量進行訓練上下文，就可以用少量的 GPU，達成模型的微調工作，然而，這些方法還有些問題，像是上下文的內容，無論是其長度，抑或是其類別數量，算力有限的情況需要對它們做些限制，才好執行訓練的工作；例如，限制上下文長度，以避免模型推理時間過長，目前的經驗來看，「增加數據的數量」依舊是一個公認有效提升模型表現的方式。

　　參數效率微調 (Parameter-Efficient Fine-Tuning, PEFT)，旨在透過僅訓練一組參數來解決避免調整模型所有參數的問題，這些參數可能是現有模型參數的子集或一組新添加的參數。這些方法在參數效率、記憶體效率、訓練速度、模型的最終品質、及額外的推理成本方面有所不同。

3.3.4　PEFT 的方法

　　PEFT 的方法可以主要分為三個範疇，分別是：添加法 (additive methods)、選擇法 (selective methods)、基於重參數化的方法 (Reparameterizations-based methods)。

　　添加法可分為調節器及軟提示。調節器，是一種附加參數 PEFT 方法，涉及在 Transformer 子層之後引入小型全連接網路 (full connected network)。這個想法被廣泛採用，並且已經提出了調節器的多種變體。可以看到在紫色區域中都是目前已提出的調節器技術；例如，Adapters、MAM Adapter，交集的區域代表有用到兩個或以上的技術，像是 MAM Adapter，就同時用到了 adapters 及 soft prompts 的技術，依此類推；軟提示，可以僅針對輸入層或所有層進行訓練，其中會在模型中輸入嵌入的一部分並透過梯度下降進行微調，這將在離散空間中尋找提示的問題轉變為連續最佳化問題。

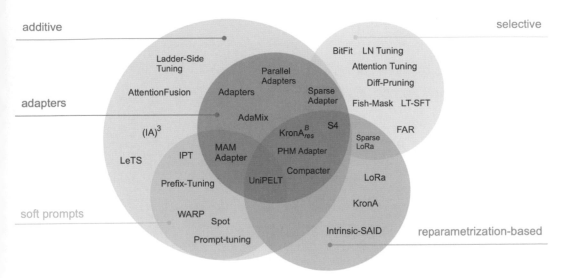

■ 圖 3.9 PEFT 的種類。

選擇法，最早例子是僅微調網路的幾個頂層。現代的方法通常是基於層的類型或內部結構；例如，僅調整模型偏差 (bias)，像是 BitFit，或是僅調整線性層 (linear layers)，像是 FAR (Freeze and Reconfigure)。選擇法的一個極端版本是稀疏更新 (sparse update) 的方法，它可以完全忽略模型的結構，並單獨選擇參數。

基於重參數化的方法，則是利用低秩 (low rank) 表示來最小化可訓練參數的數量。Intrinsic SAID 是一個在低秩子空間內有效地進行微調的方法，採用 Fastfood 轉換以重新參數化神經網路參數的更新，有趣的是，對於較大的模型或預訓練時間較長的模型，需要適應的子空間的大小較小，也就是說越大的模型可能越適合用這個方法。另外一個重頭戲，就是最近火紅的 LoRA 了，它是一個採用簡單的低秩矩陣分解來參數化權重更新的方法，實作上非常直覺簡單，後面章節有詳細介紹。

3.3.5　PEFT 的特色

　　調節器及軟提示的這些**添加法**，主要以**添加參數**的方式作為效率調參的手段，雖然網路的參數增加了，但它們透過減少梯度大小及優化器 (optimizer) 狀態的方式，有效地增加顯卡記憶體及訓練時間兩者的運用效率，除了提升了單位 GPU 的運算量外，也能以同等硬體規格訓練更大規模的模型；**選擇法**則不會添加額外參數，專門針對有興趣調整的地方去調，以全局或局部方式去調整模型偏差、線性層，抑或是稀疏性的混搭方式也行；**基於重參數化的方法**則著重在使用了低秩變換以重新參數化網路的權重。這減少了可訓練參數的數量，同時仍允許該方法去處理高維度的矩陣；例如，網路的預訓練參數。

　　優化方面，後續可以關注：標準化的 PEFT 基準、具有卓越參數與秩比的重新參數化技術、超參數和其可解釋性等等。

3.3.6　小結

　　本節我們介紹了關於 PEFT 相關的內容；例如，什麼是 PEFT、PEFT 的方法、PEFT 的應用。PEFT 主要分為：添加法、選擇法、重參數化法，每個不同種類的方法都有其適合的使用情境，重點是它們彼此不互斥，可以合併使用，所以無論是要自行訓練語言模型或是擴散模型，都能參考其中的方式，進而找到當下場景最適合的方法，下節會介紹 Embedding 的原理。

3.4　Embedding 原理

　　來看看文本倒置 Textual Inversion 是要倒轉什麼。

3.4.1 提要

● 前言

● 什麼是 Embedding

● Embedding 的方法

● Embedding 的使用

3.4.2 前言

本節我們介紹 Embedding 相關的內容，Embedding 是一種從少量範例影像中捕捉新穎概念的技術。以不改動整個模型參數的方式去微調模型，其他類似方法還有 LoRA、HyperNetwork，本節內容包含：什麼是 Embedding、Embedding 的方法、及 Embedding 的使用。

3.4.3 什麼是 Embedding

Embedding 是一種尋找詞嵌入的方法，又稱作 Textual inversion，它主要的概念是透過既有架構底下去尋找新詞作為詞嵌入的表示，藉此找到新概念並嵌入到 Latent Diffusion Model 當中，在訓練模型的時候，我們已經知道，大型語言模型重新訓練是非常吃算力的，會很需要大量的顯示卡以加速訓練的速度，有鑑於此，有人進而去思考以微調 (fine tuning) 的方式去優化模型，傳統的方法我們會使用 Linear Probe，它是透過凍結不需要訓練的層數，只開放少數層訓練，進而快速調整模型結構以適應新的任務，然而，這樣的方法存在些問題，另外訓練的這些「適應層」會有遺忘先驗知識 (prior knowledge) 的問題，以詞嵌入的方法 Embedding 可以解決這樣的問題。

3.4.4 Embedding 的方法

先上架構圖，如下所示。

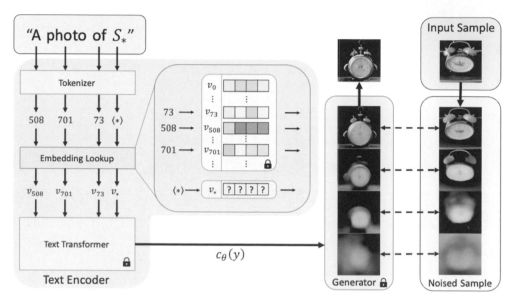

■ 圖 3.10　Embedding 的架構。

主要的核心概念是以「虛擬詞」作為詞嵌入 (token embedding)，讓我
們可以使用文本加上幾張圖片 (3~5 張)，實現個人化的文生圖功能。因其
方法是 Textual inversion，我們可以先回顧下它比較過的方法；例如，GAN
inversion、Diffusion-based inversion。

訓練一個生成模型通常是以找到對應圖像映射至「潛在表示 (latent
representation) 」的規則作為判斷標準，這樣的方法稱為 inversion，像訓練
GAN 的過程就會以「潛向量 (latent vector)」作為輸入，或是以訓練 編碼器
(encoder) 的方式也可以，至於訓練 Diffusion-based 的模型就會以找到「潛
空間 (latent space) 」為基準，為了要找到潛在表示，所以會用擴散及去噪的
方法以實現，但這方法會改動到原本的圖像，因此還有優化空間，Textual

inversion 不使用轉換潛空間的方法，是以尋找 pseudo word 方式來做。

流程上主要改進了 Text Encoder 中的詞對照表，透過添加一個特殊的 token S_* 來實現，這樣就不會動到原本的對照表，可以保留原本的概念 (token embedding)，也能學到些新的東西，為了學習 v_*，它模仿了 CLIP 中用到的 prompt，按照這個學到的文字生成圖片與輸入的圖像做對照，藉此學習到新的 v_* 的詞嵌入，以重建損失來優化 token S_*，學好了之後就能以此規則生成圖像了。

小結一下，Textual inversion 改進了既有 Latent Diffusion Model 的方法，它不需要重新訓練模型，只要訓練一個新的 Embedding 就可以，這樣可以在使用一個 SD 模型的情況底下去生成客製化的圖片，進而達成文生圖的「個人化」、相同物體生成效果較好、能適度引入新概念的圖生成且不扭曲、可實現風格遷移及概念合成等優點，不過還是有些限制，像是它無法學習到精確的細節、訓練 prompt 的時間偏長等問題。

3.4.5 Embedding 的使用

這節我們看下如何使用 Embedding 的功能，先啟動 SD 的介面

➢ 開啟容器

```
sudo docker run --gpus 1 --network host --it 105552010/sd-
test:v1.6.0 bash
```

➢ 啟動 SD

```
./webui.sh -f --enable-insecure-extension-access --listen
```

啟動後，切換到 Train 的分頁。

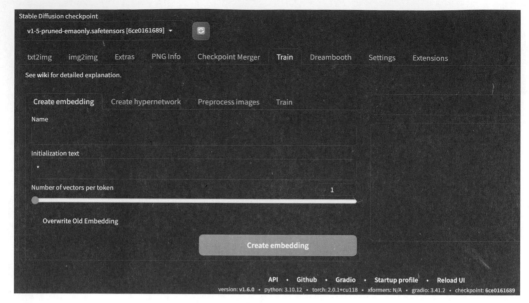

■ 圖 3.11　訓練 Embedding。

定義好 Name 及其他設定後就能訓練 Embedding 了，Good Luck ！

3.4.6　小結

本節我們介紹了關於 Embedding 的內容；例如，什麼是 Embedding、Embedding 的方法、及 Embedding 的使用，下節會介紹 DreamBooth。

3.5 Dreambooth 原理

Dreambooth，夢幻般的驚嘆調！

3.5.1 提要

- 前言
- 什麼是 Dreambooth
- Dreambooth 的方法
- Dreambooth 的使用

3.5.2 前言

本節我們介紹 Dreambooth 相關的內容，Dreambooth 是 2022 年 Google 團隊發表的一項技術，它是一種訓練 SD 模型的方式，其他的另外三種方式分別是；LoRA、Embedding、HyperNetwork，後面會逐一介紹，本節的內容包含：什麼是 Dreambooth、Dreambooth 的方法、及 Dreambooth 的使用。

以下是 Google 團隊針對命名的說明。

- It's like a photo booth, but once the subject is captured, it can be synthesized wherever your dreams take you.

這個方法主要是對於 Text2Image，也就是以文生圖的一種改進方法，使得在文生圖的情況底下，能夠生成「個人化」的圖片，主要用到了微調 (fine tuning) 的方法，實驗中只要用 3~5 張圖片即可達成不錯的表現，另外，與 Embedding 不同的是，它是將整個模型做微調，沒有用到 Frozen layer，還記得我們前面講過 Linear Probe 的概念嗎？所以它相對於 Embedding 來說，可以生成更接近的圖像。

■　編按：Embedding 指的是 Textual Inversion 論文中用到的方法。

3.5.3　什麼是 Dreambooth

Dreambooth 的方法

首先，先上架構圖。

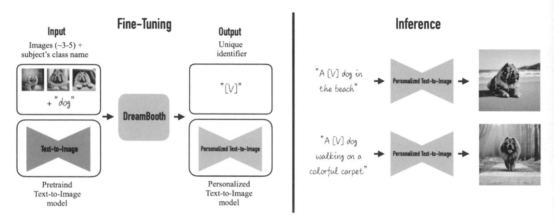

■　圖 3.12　Dreambooth 的架構。

　　可以看到先輸入了 3~5 張的狗狗照片，這邊同樣用到了 CLIP 的技術，將一組 key pair 輸入至 DreamBooth 做訓練，DreamBooth 本身會新建一個獨有的關鍵符去標示這個特徵，而在 Inference 的時候，就會依此規則輸出對應的合成圖像 (Synthesis Image)。

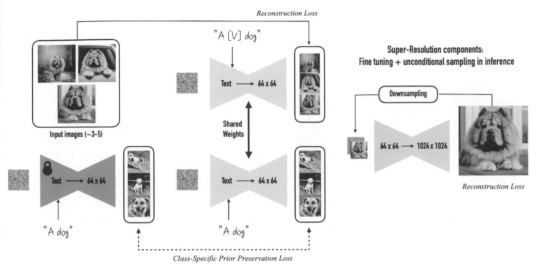

■ 圖 3.13 Dreambooth 的演算法。

　　DreamBooth 使用到的方法與 Embedding 有些許不同，第一，Embedding 是從既有詞彙當中去尋找詞嵌入去標示這個特徵，而 DreamBooth 是創造一個新的關鍵詞，並加人該類別名稱去微調整個模型，換言之，Embedding 生成的效果上的變化會比 DreamBooth 要少，因為會侷限於原本的範圍；再者，因為 DreamBooth 是針對整個模型做微調，所以它的效果會比較好；次者，它用到了 Class-Specific Prior Preservation Loss，這是一個將 [Identifier] 標示詞拓展考慮其類別先驗的方法，原本只會以 [Identifier] 的單個詞嵌入做訓練，他們發現這樣效果並不好，所以後來改成類別先驗 (Class Prior) 的方式，變成以 [Identifier] [Class noun] 去做訓練，這樣生成圖片的效果會好很多，因此，Class-Specific Prior Preservation Loss 這個方法避免了過擬合 (overfitting) 及 語言偏移 (language drift)，語言偏移指的是模型微調後遺忘之前學過的內容。

3.5.4　Dreambooth 的使用

這節我們要將 DreamBooth 的使用實際應用在 SD 上面，參考下圖。

■ 圖 3.14　SD 中應用 Dreambooth。

切到 Extension 那個分頁，按下 Load from，下面可以找到 DreamBooth 的 Extension：

■ 圖 3.15　Dreambooth 的 Extension 位置。

按 Install 後它會自動安裝，若有問題就需自行下載並下指令安裝。

■ 圖 3.16　Dreambooth 的安裝。

按下 Apply and restart UI，等它激活這個插件。

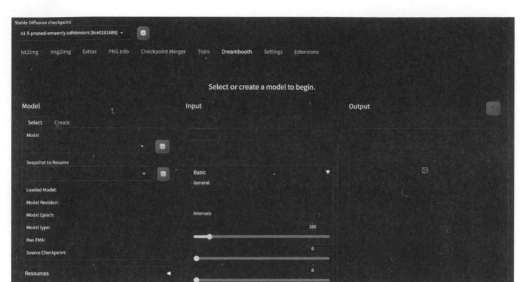

■ 圖 3.17 Dreambooth 操作畫面。

可以看到安裝好後，多了一個 DreamBooth 的分頁，接下來就可利用這頁自行訓練要用的 checkpoint。

3.5.5 小結

本節我們介紹了關於 Dreambooth 的內容；例如，什麼是 Dreambooth、Dreambooth 的方法、及 Dreambooth 的使用，下節會介紹 LoRA 相關的內容。

3.6 LoRA 原理

LoRA，微調方法的新突破！

3.6.1　提要

- 前言
- 什麼是 LoRA
- LoRA 的演算法
- LoRA 的特色

3.6.2　前言

本節我們介紹 LoRA 相關的內容，LoRA 是一種微調 (fine tuning) 模型的方式，內容包含：什麼是 LoRA、LoRA 的演算法、及 LoRA 的特色。

3.6.3　什麼是 LoRA

LoRA 是微軟團隊在 2021 年提出的一種微調方法，它主要的概念是從 pre-trained Model 來的，一般來說，我們在使用預訓練的模型時候，會凍結已經訓練好的層，僅訓練新加入的層，就在前面有提過，就是 Linear Probe，近年來大家開始研究有效率的微調模型，就是 Parameter-Efficient Fine-Tuning (PEFT)，LoRA 的精神是凍結原本的預訓練模型，像是 GPT 之類的，並搭配一個小的模型去微調就可以達到不錯的效果，就像 Adapter 一樣，我們可以將 LoRA 視為一個插件，在特定層插入該模組，讓整個模型可以適應對應問題的處理，參考下圖。

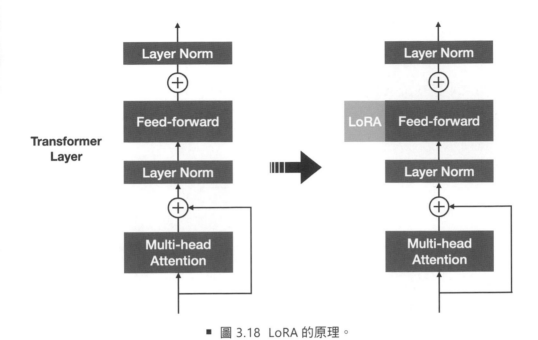

■ 圖 3.18 LoRA 的原理。

與有微調過的 GPT-3 模型相比,這個方法使用的參數減少了 10,000 倍,並只有佔用 GPU 3 分之 1 的 loading,也減少了記憶體的使用量,使得這項技術可以應用在 Stable Diffusion 上。

3.6.4 LoRA 的演算法

隨著人工智慧領域的不斷發展,我們見證了語言模型 (LLM) 和基礎模型 (如 GPT 系列) 的崛起,這些模型在自然語言處理中發揮了重要作用。然而,要使這些模型適用於各種不同的下游任務 (Downstream tasks) 並確保它們在處理這些任務時表現出色,需要採取特定的訓練策略。

Adapter 和 Prefixing 是兩種有效的 Parameter-Efficient Fine-Tuning 做法,使我們能夠在不重新訓練整個模型的情況下,讓語言模型 (LLM) 在不同下游任務上表現更好。

✧　Adapter: 透過凍結模型並添加模塊來訓練。

✧　Prefixing: 在 Prompt 的前面添加 token 來訓練以增進模型的表現。

LoRA 是基於 Adapter 的方法，像我們前面看過的 Embedding 是屬於 Prefixing 的方法，它的核心概念就是找到關鍵的特徵參數並對其進行訓練，如下圖所示。

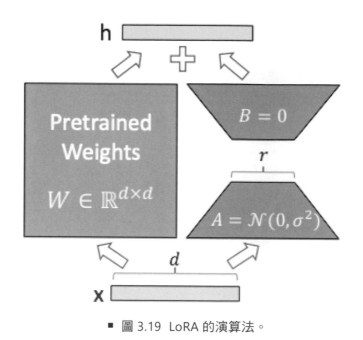

■ 圖 3.19 LoRA 的演算法。

可以看到它是先將預訓練的模型額外接個迴路，A 先降維，B 再升維，用來模擬 intrinsic rank，這種模型中層與層之間的迴路設計最早我們可以從 ResNet 看到，不過它是跳過的作用，與此例不同。

在 Stable Diffusion 當中，LoRA 是訓練 U-Net 當中的特定層的權重，讓原始的 checkpoint 模型，進而獲得處理特定任務的能力，生成特定風格及樣式的圖片。

3.6.5　LoRA 的特色

除了基於 Adapter 的方法 LoRA 外，其他方向像是 ZeRO-Offload、FlexGen 都是近年 PEFT 的方向。

LoRA 有著易於模塊化、低訓練成本 (時間、硬體) 的優勢，所以在目前的 Stable Diffusion 的應用場景，可以大量見其蹤跡，大小一般來說低於 200MB，常見的 LoRA 可以在公開網站去下載；例如，Civitai: https://civitai.com/、HuggingFace: https://huggingface.co/docs/diffusers/training/lora。

3.6.6　補充 : LCM-LoRA

這節我們介紹進化版的 LoRA，主要將潛在一致性模型 (Latent Consistency Model, LCM) 的技術應用在 LoRA 的模型蒸餾 (model distillation) 上，LCM 是從潛在擴散模型 (Latent Diffusion Model, LDM) 改良而來的，它將引導反向擴散過程視為增強 (Augmented) 機率流 (Probability Flow ODE, PF-ODE) 的解析率，這樣就可以預測此類 ODE 在潛在空間中的解。這加速了擴散的速度，並能達成與 LDM 相似的高品質圖像。LCM-LoRA 簡述運作流程，如下圖所示。

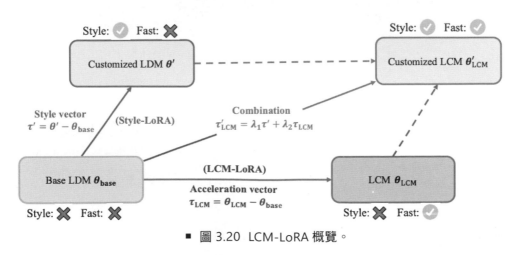

■ 圖 3.20　LCM-LoRA 概覽。

　　透過將 LoRA 引入 LCM 的蒸餾過程，大幅減少了蒸餾所需的記憶體，這樣就能夠在有限的資源下訓練更大的模型；例如，SD XL、SSD-1B，這兩個模型後面會介紹。我們將從 LCM-LoRA 訓練獲得的 LoRA 參數定義為：「加速向量」，紅色箭頭的部分；將特定風格資料集上微調獲得的其他 LoRA 參數定義為：「風格向量」，藍色箭頭的部分；這兩個向量可以相加得到「合成向量」，紫色箭頭的部分；無需任何訓練，透過「加速向量」和「風格向量」的線性組合所獲得「合成向量」的模型就能夠以最少的取樣步驟產生特定繪畫風格的圖像。

4-Step Inference

■ 圖 3.21　不同 SD 模型套用 LCM-LoRA 的比較。

　　參考上圖，使用從不同的預訓練擴散模型中提取的潛在一致性模型產生的圖像。LCM-LoRA-SD-V1.5 產生 512×512 解析度影像，LCM-LoRA-SDXL 和 LCM-LoRA-SSD-1B 產生 1024×1024 解析度影像。其中 CFG 設定為 7.5，取樣步驟設定為 4。一般在 Stable Diffusion 生成圖像的設定 CFG 是 7~11，取樣是 20~30，所以依此判斷，光取樣的差異時間差了快 5 倍以上，所以能以如此少量的時間可以生成相當高品質，這樣的技術有一定的潛力。

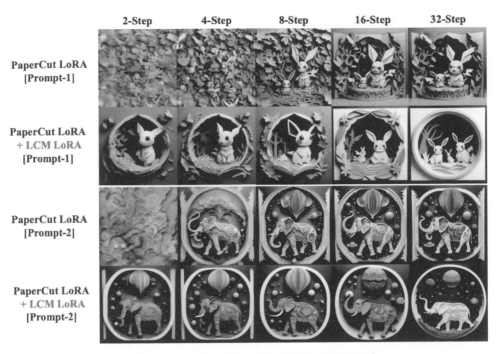

■ 圖 3.22 加入 LCM-LoRA 後的生成步驟變化。

上圖比較這些模型在不同取樣步驟產生的影像品質，展示了「合成向量」的結果，「合成向量」為「風格向量」乘以 0.8 加上「風格向量」乘以 1，也就是選擇在特定繪畫風格資料集上微調的 LoRA 參數，並將其與 LCM-LoRA 參數結合，並以 SD XL 作為基礎模型。所有影像的解析度均為 1024×1024。我們可以看到兩種的合成結果，第一個展示了類似皮卡丘的樣式，然後隨著步驟增加，皮卡丘開始有些變化，而第二個展示了類似馬戲團的大象與氣球，結合兩者來看，可以發現說融合後的變化性更高，第一個沒加的情況，皮卡丘樣式就蠻固定的，尤其是耳朵的部分，但融合之後，不只耳朵有變化，身形也變得像兔子，第二個馬戲團的大象，也有顯著的變化，更多的是氣球，後面直接變星球了。所以總結來說，LCM-LoRA 除了可以增強圖像的生成速度外，也能強化生成圖像的多樣性。

3.6.7　小結

　　本節我們介紹了關於 LoRA 的內容；例如，什麼是 LoRA、LoRA 的演算法、及 LoRA 的特色，並補充關於 LCM-LoRA 及 Instant ID 的內容，下節會介紹 HyperNetwork。

3.7　HyperNetwork 原理

HyperNetwork，超級網路？

3.7.1　提要

● 前言
● 什麼是 HyperNetwork
● HyperNetwork 的方法
● HyperNetwork 的使用

3.7.2　前言

　　本節我們介紹 HyperNetwork 相關的內容，HyperNetwork 也是一種類似 LoRA 的微調 (fine tuning) 模型方法，內容包含：什麼是 HyperNetwork、HyperNetwork 的方法、及 HyperNetwork 的使用。

3.7.3　什麼是 HyperNetwork

　　HyperNetwork 是一種利用神經網路來生成模型參數的方法，是由早期 Stable Diffusion 開發的參與者 Novel AI 發明的，它可以用來從模型內部尋找類似的參數，找到之後以此規則生成類似的圖片。

3.7.4 HyperNetwork 的方法

HyperNetwork 是一種模型微調的方法，與 LoRA 不同的是，它是在 U-Net 的架構底下，加入新的網路模塊，進而修改 cross attention 模塊的內容，不同於 LoRA 的 Low Rank 方式，架構參考下圖。

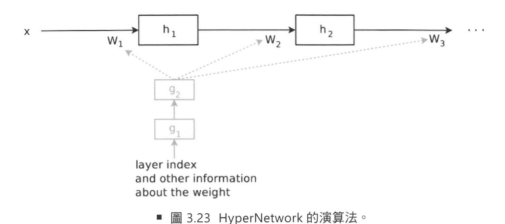

■ 圖 3.23 HyperNetwork 的演算法。

我們可以先回顧下原本的 Stable Diffusion 的交叉注意力模塊架構圖，

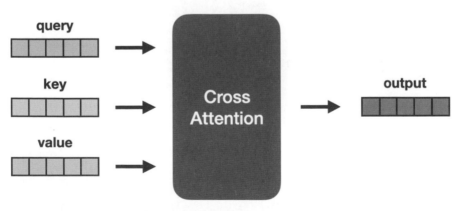

■ 圖 3.24 SD 的交叉注意力模塊。

加入 HyperNetwork 後的架構如下：

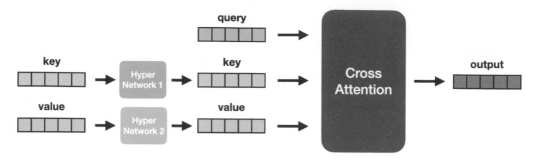

■ 圖 3.25　SD 交叉注意力模組添加 HyperNetwork。

在訓練期間，Stable Diffusion 模型已經被 Frozen，但額外添加的
Hypernetwork 允許改變。因為 Hypernetwork 很小，所以訓練時間很短並且
只需要少量的運算資源即可。

Hypernetwork 的主要優點是快速訓練和檔案不會很大。這邊要正名一
下，HyperNetwork 是一個為另一個網路產生權重的網路，與機器學習中通
常所說的超網路不同。所以，Stable Diffusion 的 Hypernetwork 並不是 2016
年發明的。

3.7.5　HyperNetwork 的使用

我們回到 Stable Diffusion 的操作介面，看下 HyperNetwork 的訓練和使
用要如何操作。

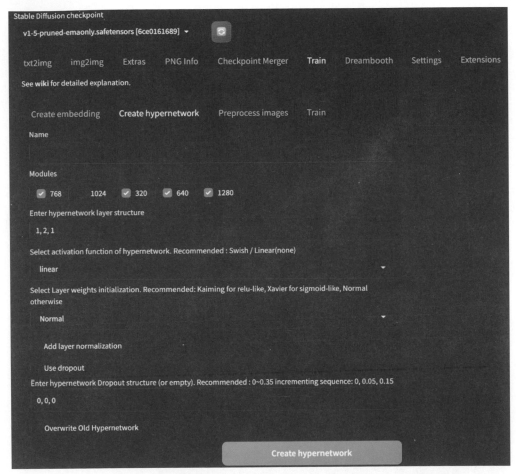

■ 圖 3.26　SD 訓練 HyperNetwork。

基本上可以把 HyperNetwork 視為好幾層的 FC (Fully Connected) 層，看你中間是否要夾雜 BN (Batch Normalization) 層或 Dropout 層，看個人喜好，決定好相關參數後點擊 Create hypernetwork 去訓練新的 HyperNetwork 即可。

如果是要直接使用別人訓練好的 HyperNetwork，可以從公開網站下載，CivitAI: https://civitai.com/。

3.7.6 小結

本節我們介紹了關於 HyperNetwork 的內容；例如，什麼是 HyperNetwork、HyperNetwork 的方法、及 HyperNetwork 的使用，下節會介紹 ControlNet 的內容。

3.8 ControlNet 原理

ControlNet，控制狂人？

3.8.1 提要

- 前言
- 什麼是 ControlNet
- ControlNet 的演算法
- ControlNet 的特色
- 同場加映

3.8.2 前言

昨天我們已經安裝 ControlNet 的插件至 SD，本節就來介紹 ControlNet 原理相關的內容，ControlNet 是一個文生圖的擴充組件，可以調整 SD 輸出的結果，本節內容包含：什麼是 ControlNet、ControlNet 的演算法、及 ControlNet 的特色。

3.8.3 什麼是 ControlNet

ControlNet 是一個不用透過重新訓練 SD 模型就能做到客製化文生圖的一種方法，如下圖。

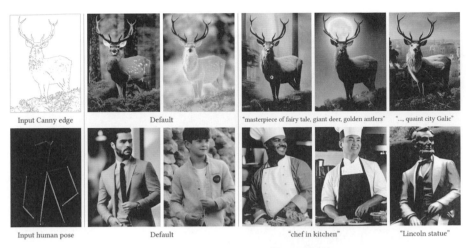

Input Canny edge Default "masterpiece of fairy tale, giant deer, golden antlers" "..., quaint city Galic"

Input human pose Default "chef in kitchen" "Lincoln statue"

■ 圖 3.27 ControlNet 的不同風格。

可以看到兩種模式的範例生成，一種是提供類似草圖作為輸入，並生成不同風格的圖像，生成的風格由ControlNet控制，也就是所謂的 Canny 模式，另一種以姿勢作為輸入，並以此作為依據去生成符合輸入風格的圖像，可以看到輸出的人都有保持相同的姿勢，這就是 Human pose 模式。

在進行 ControlNet 的概念驗證前有先做過幾類的相關研究：

1. HyperNetwork：以一或多個模組網路作為原始網路的插件，它不會去改動到原來的 SD 模型，這個內容前面有講過，具體3.7節的內容。

2. LoRA：類似於 HyperNetwork 的手法，相似於 Fine Tuning 的方式，但差別是一個是加入模組方式作為嵌入，一個是透過修改層與層之間的權重去達到相同的效果，具體可以參考 3.6 節的內容。

3. Adapter：這個前面有提過，還記得 Embedding 嗎？作為一個 Textual Inversion 作為詞嵌入的輸入，這個方法也用於 CLIP 的技術當中，這個作法是以預訓練的模型透過加入新的嵌入模組層去達到適應新環境要解決問題的效果，具體可以參考 3.4 節的內容。

4. Additive Learning：額外學習的方式是夠過凍結預訓練的模型，對其做 linear probe，透過添加新參數的手法；例如，權重遮罩或剪枝、注意力模組等，避免遺忘既有知識問題。

5. Zero Initialized Layers：零初始化層，這個是透過添加 1x1 的卷積增加網路的空間複雜度，但不影響到既有模型權重，也是 ControlNet 使用的手法之一。

3.8.4 ControlNet 的演算法

左圖代表原始的網路架構，右圖代表新加入的 ControlNet 架構，它將零卷積加入到其中，以初始化權重。

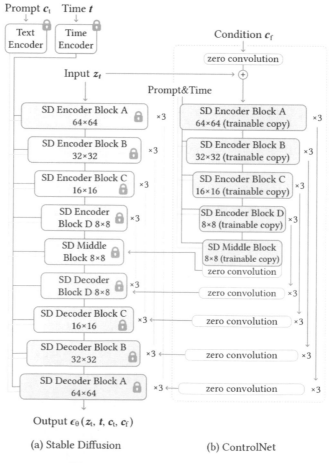

(a) Stable Diffusion　　　　(b) ControlNet

■ 圖 3.28 SD 如何與 ControlNet 協作。

ControlNet 在 SD 的基礎上，將 SD 中的層凍結 (Frozen)，並且添加一個可學習的分支，這個分支就是一個 Condition，並在 Condition 的起始位置和結束位置都增加零卷積，保證訓練的穩定性，並且 Condition 的特徵會疊加回 SD 的解碼器特徵上，以達成控制生成的效果。

3.8.5 ControlNet 的特色

ControlNet 提供了文生圖客製化的新方法，可以不用重新訓練 SD 模型，讓高度客製化變得可能，無論是姿勢、紋理、框架等方面都能達到不錯的效果，搭配 LoRA 使用可以有更精細的效果，這也是現在使用 SD 的標準方式了。

3.8.6 同場加映

➢ T2I-Adapter

這是基於前面提過的 Adapter 的改良版本，與 ControlNet 不同的是，它可以以多個 Condition 作為輸入，這些 Condition 可以是不同類型。

另外，T2I-Adapter 是透過 SD 的編碼器 (Encoder) 把 Condition 輸入進去，而 ControlNet 是透過 SD 的解碼器 (Decoder) 輸入 Condition。

這個編碼器與解碼器的架構就是 SD 當中的 U-Net。

➢ Composer

這個作法也與 ControlNet 及 T2I-Adapter 類似，主要的概念是它將輸入分別 Global 和 Local，Global 負責將特徵輸入到 SD 當中的 U-Net 層及多注意力模組，Local 則是雜訊的圖片，雙管齊下去調整生成圖片的風格，簡言之，就是它將需要生成的特徵作抽離，逐步輸入像是色彩、紋理、乃至框架，以達成控制生成的效果，參考下圖。

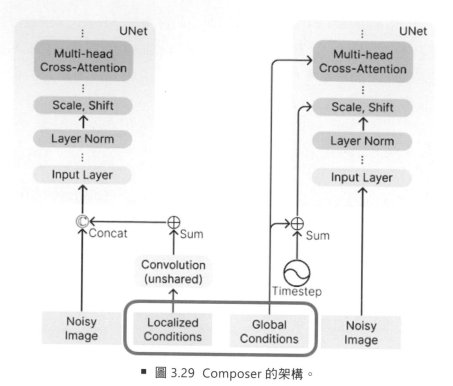

■ 圖 3.29 Composer 的架構。

> IP-Adapter

　　這是一種有效且輕量級的 Adapter，可為預先訓練的文字到影像擴散模型實現影像提示功能。關鍵設計是解耦的交叉注意機制，它將文字特徵和圖像特徵的交叉注意層分開，解決了需要複雜的文字提示詞以生成新穎圖像的問題。

　　整體來說，這是具有解耦交叉注意策略的 IP Adapter 的架構。僅訓練新添加的紅色模組區塊，而預先訓練的文字到圖像模型則被凍結。

　　可以看到在訓練的過程當中，預訓練的文字部分是被凍結的，而圖像的部分則會進行訓練，兩者的交叉注意力模塊分別套用至 UNet 的每層中，架構圖如下所示。

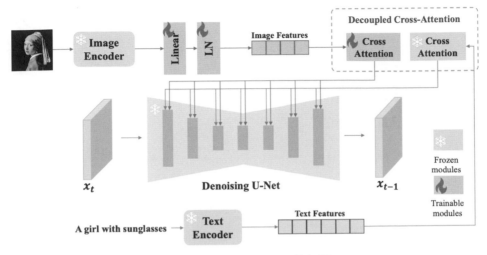

■ 圖 3.30 IP-Adapter 的架構。

> Instant-ID

這是基於臉部生成圖像的改良模塊，它是一個不用訓練的外插模組，可以和 LoRA 及 ControlNet 等一起使用，套用後可以有效地改進人臉圖像的面部呈現。

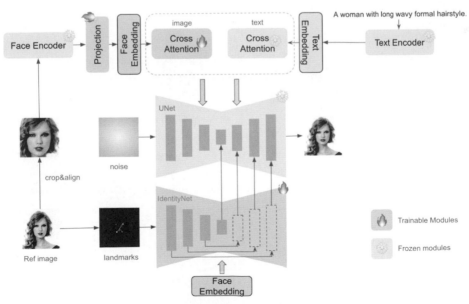

■ 圖 3.31 InstantID 的架構圖。

　　參考上圖，主要由三個部分組成。首先，有別於 IP-Adapter ，它採用了人臉編碼器而不是 CLIP 來提取人臉特徵，並使用可訓練的投影層將它們投影到文字特徵空間，將投影的特徵嵌入為人臉；然後，引入具有解耦交叉注意力的輕量級自適應模組來支援影像作為提示；最後，透過 IdentityNet 額外的控制對參考臉部影像中的複雜特徵進行編碼。

　　IdentityNet 的想法參考了 ControlNet 的作法。在 IdentityNet 中，生成過程完全由人臉嵌入引導，無需任何文字資訊。僅更新新添加的模組，而預先訓練的文字到圖像模型保持凍結以確保靈活性。經過訓練，使用者可以輕鬆地產生任何風格的高還原度的 ID 圖片。

　　總結來說，解決了「如何有效地將人臉特徵套用至擴散模型中」的這個問題。比較的部分，與 Adapter 相比，它有效地保持了 ID 的完整性，將其無縫地融入各種風格中。這項比較可以看出 InstantID 在保留身分、同時保持風格靈活性和控制方面的優越性，如下圖所示。

■ 圖 3.32 InstantID 與 Adapter 的比較。

　　這邊可以看到以 AI 四大巨頭之三的照片作為輸入，並使用不同的 Adapter 方法去產生圖片的比較，FaceID 相關的生出來圖片看起來與本人相比有點不像，IPA 是指前一小節提過的 IP Adapter，與 InstantID 相比，效果較差。好奇當初小紅書發表的文章為何有被 Yann LeCun 點讚，看過後筆者恍然大悟了，原來是有放照片啊！

與 LoRA 相比，可以看到媲美 LoRA 的效果，但是 LoRA 是要針對不同人物去微調的，InstantID 不用，如下圖所示。

■ 圖 3.33 InstantID 與 LoRA 的比較。

這邊用到了成龍與艾瑪華森的照片作為比較基礎，可以看到 LoRA 的效果比較自然，InstantID 的 AI 感比較重，不過在輕量級的可插拔模組的情況下，沒經過訓練能有如此效果算是蠻不錯的，畢竟它只有將臉部歸納成五個特徵 (眼睛兩個、鼻子一個、嘴巴兩個)，這會一定程度的影響生成圖像的細緻度，期待後續的優化了。

3.8.7 小結

本節我們介紹了關於 ControlNet 及其他相關的內容；例如，什麼是 ControlNet、ControlNet 的演算法、ControlNet 的特色、T2I Adapter、Composer、IP-Adapter、InstantID 等內容，下節會介紹 SwinIR 的內容。

3.9 Super Resolution - SwinIR

SwinIR，圖像重建的突破！

3.9.1 提要

- 前言
- 什麼是 SwinIR
- SwinIR 的演算法
- SwinIR 的特色

3.9.2 前言

本節我們介紹 SwinIR 相關的內容，SwinIR 是一個用於影像重建的方法，本節內容包含：什麼是 SwinIR、SwinIR 的演算法、及 SwinIR 的特色。

3.9.3 什麼是 SwinIR

SwinIR 是基於 Swin Transformer 架構的重建演算法，不同於以往的做法，是透過結合卷積神經網路 (Convolution Neural Network, CNN)，加上 Transformer 的方式，就能以少量參數的方式，達成原本相當的效果。Swin Transformer 是基於 ViT (Vision Transformer) 的改良版本，主要改進了運算方式，降低了參數量，其作法是透過切割卷積，降低了萃取特徵的範圍，並透過滑窗 (Slide Windows) 對同個卷積構建相對關係，另外也構建了局部注意力機制 (Local Attention)，避免原始 Transformer 過於關注全局特徵而忽略了局部細節。

3.9.4 SwinIR 的演算法

先上架構圖，如下所示。

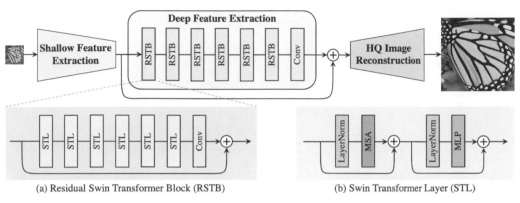

(a) Residual Swin Transformer Block (RSTB)　　(b) Swin Transformer Layer (STL)

■ 圖 3.34 SwinIR 的演算法。

主要分為三個模組，分別是：淺層特徵提取、深度特徵提取、及影像重建的模組。

✧ 淺層特徵提取：

負責初階特徵的提取，透過卷積層的組合模組去萃取圖像中的特徵，用到的是一個 3x3 的卷積。

✧ 深層特徵提取：

進而提取圖像中的特徵，透過殘差塊 (Residual Block) 達成，其中包含了 Swin Transformer Layer (STL) 及 3x3 的卷積層 (Convolution Layer)，其中 STL 包含了 正規化層、MSA (Muti-Head Self Attention)、MLP (Mutil-Layer Perceptron)、及殘差的結構，這裡將卷積層放在最後是為了將卷積運算的歸納偏移帶入基於 Transformer 的網路中，為後期淺層和深層特徵的聚合打下更好的基礎。

◇　影像重建：

可以注意到從淺層特徵到深層特徵中間也有殘差架構，這是為了將淺層特徵能直接傳遞到重建模組上，這裡的模組會將淺層特徵與深層特徵作聚合，並以此作為依據重建影像，訓練的時候會以優化重建損失作為判斷依據，進而增強整體網路影像重建的能力。

3.9.5　SwinIR 的特色

SwinIR 以淺層特徵提取、深度特徵提取、及高解析度重建的模組為基底，融合了卷積神經網路及 Transformer 兩者的優點，可以透過以少量參數的方式，達成高解析度圖像修復的效果，相較於以往像是 LR、ESRGAN、Real-ESRGAN 等方法，表現都更為突出，將架構分為淺層及深層提取的方式可以滿足各種範圍特徵提取的需求，並在其中引入了殘差架構，可以讓特徵更好的傳遞到影像重建的模組上。

3.9.6　小結

本節我們介紹了關於 SwinIR 的內容；例如，什麼是 SwinIR、SwinIR 的演算法、及 SwinIR 的特色，下節會介紹 SD XL 的內容。

3.10　SD XL 原理

SD XL：SD 的限界突破！

3.10.1　提要

● 前言

● 什麼是 SD XL

● SD XL 的演算法

● SD XL 的特色

3.10.2 前言

本節我們介紹 SD XL 相關的內容，SD XL 是基於 SD 改良的模型，使用到了更大的網路架構，本節內容包含：什麼是 SD XL、SD XL 的演算法、及 SD XL 的特色。

3.10.3 什麼是 SD XL

SD XL 是以 SD 架構做為基礎改良的模型，主要改進三個方面：

1. 加大其中的 U-Net 架構，調整成 3 倍，以更多注意力模塊 (attention block) 與更大的交叉注意力上下文 (cross attention context) 達成，這樣可以讓 U-Net 學習到更多的特徵，將有助於生成更細緻的圖像。

2. Conditioning 相關的優化，這是針對 SD 模型中 Conditioning Mechanisms 所做的改進，包含：基於模型在圖像尺寸、基於模型在裁減參數等等的改進，這是為了要讓模型可以不被圖像尺寸限制及減少運算量。

3. 引入了一個獨立的基於擴散的模型，能夠提高生成圖像的品質與解析度。

3.10.4 SD XL 的演算法

先上架構圖，如下圖所示。

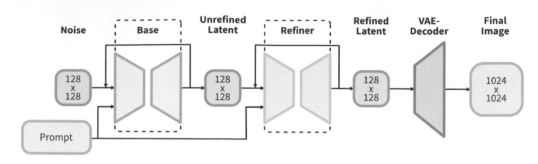

■ 圖 3.35　SD XL 的架構。

　　這裡的方法是以 128x128 大小的圖片作為潛空間 (Latent Space) 的輸入，最後輸出 1024x1024 的圖片，主要分為三個部分：Base、Refiner、VAE-Decoder，其中的 Base 和 Refiner 構成了文生圖的模塊，而 VAE-Decoder 為圖生圖的模塊，兩者相連構成了整體文生圖的模型。

➢　Base：

　　由 U-Net、VAE、及兩個 CLIP Text Encoder 所構成，這裡的作用與原始 SD 架構中所做的事情相似，本質上就是以 Prompt 及圖像作為輸入去訓練模型，這裡輸出的 Unrefined Latent 代表潛空間的特徵，我們可以理解為圖像。

➢　Refiner：

　　由 U-Net、VAE、及單個 CLIP Text Encoder 所構成，這裡的作用是將 Base 模塊輸出的圖像進行以圖生圖，它會將輸入的圖像去除小雜訊及提升圖像的細緻度，Base 結合 Refiner 的做法是一種模型融合的方法，概念上就是專業分工，這種做法在生成圖像領域上，能夠大幅提升其能力。

➢　VAE-Decoder：

　　由 VAE 的 Decoder 所構成，這裡的作用是將 Refiner 輸出的圖像進行以圖生圖，它會改良輸入圖像中關鍵的潛特徵；例如，細節資訊、小物件的特徵、及整體色彩。

3.10.5 SD XL 的特色

原始的 SD 模型參數量約為 10 億左右，而 SD XL 模型的參數量則達到了 66 億，雖然如此，但 SD XL 在生圖的時間上，只多出了 SD 約 20~30% 左右，相當不簡單，更不用說它生成圖像的品質在基準上，相較於 SD 更好，它也很好地借鏡了模型融合的技術，使得生圖的質量上有相當程度的飛躍，並具備了適應遷移學習的能力，筆者相信在 AIGC 圖像相關的領域後續會越來越好。

3.10.6 補充：SD XL Turbo

SD XL Turbo，是一個在 SD XL 之後提出的模型，主要運用到了生成對抗網路及模型蒸餾 (model distillation) 的想法，也就是對抗擴散蒸餾 (Adversarial Diffusion Distillation, ADD)，與 SD XL 相同，這個模型也是 Stability AI 提出的，這個模型可以在很少的步驟內產生高品質的圖像，這裡只用了一步，如下圖所示。

■ 圖 3.36 SD XL Turbo 的效果展示。

關於對抗擴散蒸餾的方法，參考下圖。

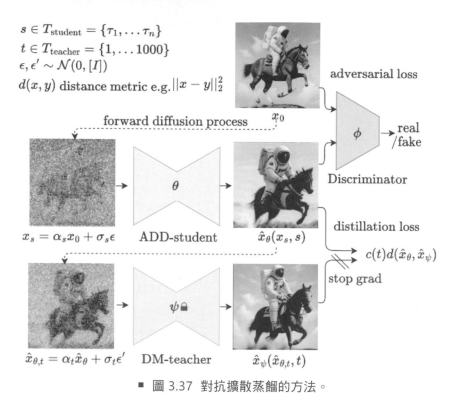

$$s \in T_{\text{student}} = \{\tau_1, \dots \tau_n\}$$
$$t \in T_{\text{teacher}} = \{1, \dots 1000\}$$
$$\epsilon, \epsilon' \sim \mathcal{N}(0, [I])$$
$$d(x, y) \text{ distance metric e.g.} \|x - y\|_2^2$$

forward diffusion process　x_0

adversarial loss

ϕ　→ real /fake

Discriminator

$x_s = \alpha_s x_0 + \sigma_s \epsilon$　θ　ADD-student　$\hat{x}_\theta(x_s, s)$

distillation loss

$c(t) d(\hat{x}_\theta, \hat{x}_\psi)$

stop grad

$\hat{x}_{\theta,t} = \alpha_t \hat{x}_\theta + \sigma_t \epsilon'$　ψ　DM-teacher　$\hat{x}_\psi(\hat{x}_{\theta,t}, t)$

■ 圖 3.37　對抗擴散蒸餾的方法。

　　承襲了類似 GAN 的架構，先區分為兩種網路，分別是老師和學生，要訓練的是學生的 ADD-student 這個部分，ADD-student 最後會變成新的生成網路，首先，判別器 (Discriminator) 會依據給定的實際數據持續訓練，以此獲得判斷是否為真實樣本，依據對抗損失 (adversarial loss) 持續優化，ADD-student 會持續和 Discriminator 持續對抗，ADD-student 在訓練的時候，生成的樣本會以知識蒸餾的方法去參考 DM-teacher 的知識，以此為基準生成更為真實的樣本，ADD-student 會以蒸餾損失 (distillation loss) 做為對齊持續優化，其中以蒸餾取樣分數 (Score Distillation Sampling, SDS) 作為評估標準，這樣就解決了 GAN 拓展到擴散模型時生成樣本的還原度不足問題，進而能夠生成更為真實的圖片。

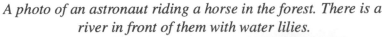

A photo of an astronaut riding a horse in the forest. There is a river in front of them with water lilies.

■ 圖 3.38 SD XL 與 SD XL Turbo 的比較。

參考上圖，使用了「A photo of an astronaut riding a horse in the forest. There is a river in front of them with water lilies.」這個提示詞，可以看到 SD XL Turbo 生成的步驟數比 SD XL 少了 90% 以上，而生成的品質看起來更好，AI 感沒有像 SD XL 那麼強，比較接近真實的感覺。

3.10.7 補充：SD XL++

這節我們再來看下近期 SD XL 的變體；例如，SSD-1B、Vega，兩者都是針對 SD XL 架構的簡化版本，Vega 的參數最少，並保持了 SD XL 的性能，如下圖所示。

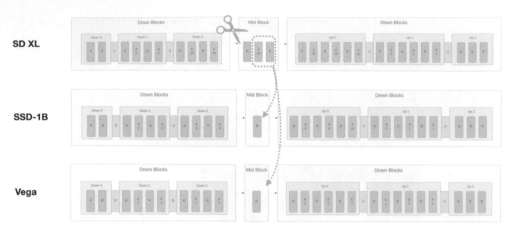

■ 圖 3.39　SD XL 的變體。

　　主要是將 UNet 中的架構作修剪，將注意力塊及第二層的殘差塊拿掉，只保留原始中間區域的第一層的殘差塊，這樣可以大量減少要訓練的參數，同時不影響其性能；再來是引入特徵蒸餾的方式，使用老師模型指導學生模型，這邊會拿老師的特徵圖與學生的特徵圖相比，讓兩者盡可能接近，以此為標準去進行優化，得以訓練學生的模型，使其具有接近老師模型的表現。

■ 圖 3.40　SD XL 及其變體的比較。

參考上圖，三者的比較結果，我們發現 SSD-1B 在圖像的表達上，效果看起來還不錯，它簡化了原本 70% 左右的參數，提升了模型運行 1 倍的速度，可以將其作為輕量級的 SD XL 使用，Vega 的部分，因其進一步簡化參數量，所以生成的圖像品質較差，但或許可以考慮將其運用在硬體配備更低的裝置上，像是邊緣運算裝置。

3.10.8 補充：Stable Cascade

這節我們介紹 Stable Cascade，它是一個由 Stability AI 提出的文生圖模型，主打比 SD XL Turbo 有更短的生成時間及更好的品質，實際圖像展示如下。

■ 圖 3.41 Stable Cascade 的展示。

與擴散模型的邏輯不同，它採用了三階段模組的架構，如下圖。

Stable Cascade

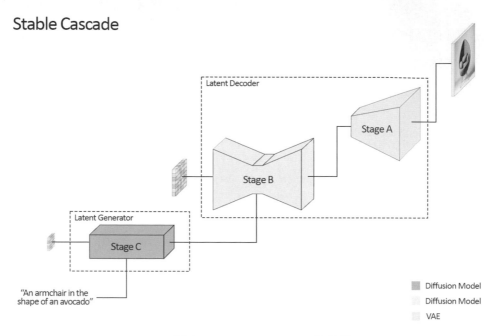

■ 圖 3.42　Stable Cascade 的架構。

首先，階段 C 會將使用者輸入的提示詞映射到潛在空間 (Latent Space)
裡面，也就是 Latent Generator 的階段，它會將輸入轉換為 24x24 的 compact
latents，將其傳遞到潛在解碼器 (Latent Decoder)，這個階段主要就是將圖片
壓縮，類似在 Stable Diffusion 中 VAE 的功能，但這種做法可以獲得更高的
壓縮比。

透過將文字條件產生 (階段 C) 從解碼到高解析度像素空間 (階段 A 和 B)
解耦 (decoupling)，這樣就可以允許額外的訓練或微調，包括在階段 C 上單
獨完成 ControlNet 和 LoRA。與訓練類似大小的穩定擴散模型相比，成本降
低了 16 倍。

Stable Cascade 與其他模型的比較，參考下圖。

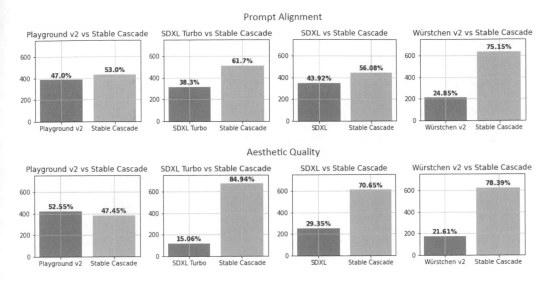

■ 圖 3.43 Stable Cascade 與其他模型的比較。

可以看到在幾乎所有模型比較中，Stable Cascade 在提示對齊 (Prompt Alignment) 和美觀品質 (Aesthetic Quality) 方面均表現最佳。在後面章節會有應用 Stable Cascade 的環節，敬請期待！

3.10.9 補充：Stable Diffusion 3

這節我們來看下 Stability AI 最新推出的模型，Stable Diffusion 3 是一個多模態的擴散模型 (Multimodal Diffusion Transformer, MMDiT)，它參考了 DiT(Diffusion Transformer) 的架構並將其作了改良，與以往擴散模型最大的不同是，它可以同時輸出文字和圖像在同一張圖片上，參考下圖。

■ 圖 3.44　Stable Diffusion 3 效果展示。

　　圖中左邊中間，可以發現到神秘的魔法師詠唱咒語，說成就解鎖，擴散模型現在可以直接詠唱詞彙了，蠻幽默的，除了支援了文字與圖像的融合以外，圖像的精緻度也是蠻高的，如左上方的異星香菇世界，也有一些可以支援不合理的搞笑風格，像是酪梨國王及宮廷，下圖我們來看架構圖。

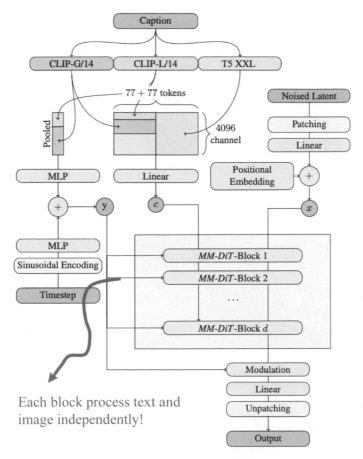

Each block process text and image independently!

■ 圖 3.45 MMDiT 的架構。

這是一個承襲 DiT 的架構，運行邏輯概念上類似，差別在於為了將文字與圖像的概念融合，在做注意力機制處理的時候，要把文字和圖像的注意力合併到同一個序列，其實這就是雙模態的觀念，一個處理文字，一個處理圖像，分別處理好後，合併到同個在嵌入空間的一個序列上，這樣在輸出圖像的時候就會同時考慮文字和圖像了

最後我們看下性能比較，參考下圖。

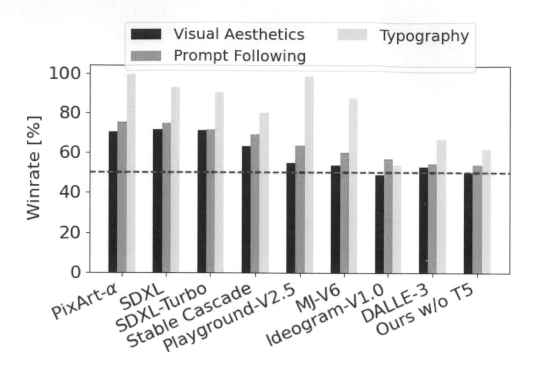

■ 圖 3.46　Stable Diffusion 3 與其他模型的比較。

　　將 Stable Diffusion 3 的輸出影像與其他各種開放式模型 (包括 SDXL、SDXL Turbo、Stable Cascade、Playground v2.5 和 Pixart-α) 以及閉源系統 (如 DALL·E 3、Midjourney v6 和 Ideogram v1) 進行了比較根據人類回饋評估績效。主要有三個指標；例如，根據模型輸出與給出的提示上下文的緊密程度 (「提示遵循」) 或文字渲染的程度來選擇最佳結果、根據提示 (" 版式 ")、及哪個圖像具有更高的美學品質 (" 視覺美學 ")。測試結果發現， Stable Diffusion 3 在上述所有領域均等於或優於目前最先進的文字到影像生成系統。

3.10.10　小結

本節我們介紹了關於 SD XL 的內容；例如，什麼是 SD XL、SD XL 的演算法、及 SD XL 的特色，並補充相關的內容，下節會介紹圖像生成模型的優化。

3.11　圖像生成模型的優化

來聊聊圖像生成模型的優化方式吧！

3.11.1　提要

- 前言
- 選擇性遺忘
- 對齊
- 資料擴增定律

3.11.2　前言

本節我們介紹圖像生成模型優化相關的內容，對於生成模型的製作，是否有些技巧可以增強其效果，或是減少其生成圖像的時間，一般來說，圖像生成模型的製作會歷經三個階段，分別是：資料準備、模型訓練、及模型應用，如下圖所示。

■ 圖 3.47　圖像生成模型的製作流程。

我們會從模型應用開始探討，依序回推討論，本節內容包含：選擇性遺忘、對齊、及資料擴增定律。

3.11.3　選擇性遺忘

選擇性遺忘 (Selective Amnesia, SA)，是一種對訓練好的圖像生成模型調整的方法，它可以有效地讓模型已經學會的內容徹底抹除，並且可以自訂要遺忘的內容。這個常見的用途是從公開的數據集當中，把比較偏向負面的像是：暴力、歧視、血腥、色情等內容抹除掉。以往的做法有：安全潛在擴散 (Safe Latent Diffusion, SLD)、抹除穩定擴散 (Erasing Stable Diffusion, ESD) 這兩種方法。

SLD 是一種透過調整提示詞的生成參考方向以達成不輸出負面內容的方法，因為每次生成內容是隨機的，所以要設定觸發條件，當負向內容可能會出現的時候，要適時地讓提示詞的方向轉向，就能避免生成負向的內容，參考下圖。

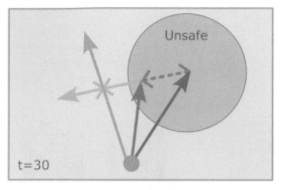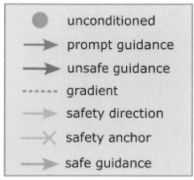

■ 圖 3.48 SLD 的 safe guidance 機制。

　　它透過不適用圖像的提示詞 (Inappropriate Image Prompts, I2P) 的數據集去測試性能，其中有意思的地方是這個數據集是由負面提示詞製作出來的，藉由給定的幾個負向提示詞，作為 Embedding 的輸入，由此提取出對應的圖像，再從這些圖像去做 CLIP 提示詞的反推，得到更多類似概念的提示詞，最後透過這些整理好的負向提示詞組合，將對應的圖像從公開數據集中提取出來，就獲得了 I2P 的數據集，這個數據集是公開的，SA 也有以此作為標準進行驗證。SD 與 SLD 的文生圖差異，可以注意到原本的傷口圖片變成像玫瑰刺青的圖案，或是原本看起來有裸體的人變成有穿衣服的樣子，如下圖所示。

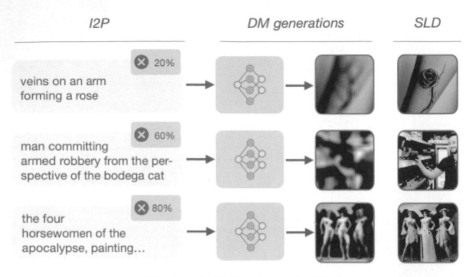

■ 圖 3.49　SD 與 SLD 在 I2P 上的比較。

　　ESD 是在 SLD 後提出的，它是一種透過微調一個對稱 SD 模型以忘記知識的方法，具體架構圖如下圖所示。

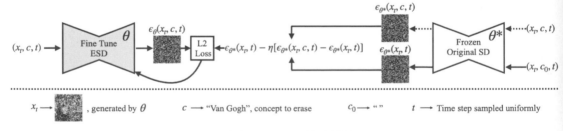

■ 圖 3.50　ESD 的演算法。

　　可以看到準備一個訓練好的 SD 模型，凍結其權重，並與 ESD 模型一起微調，對齊相同的損失函數，在微調 ESD 模型時，其中的一部分損失值由 SD 模型提供，這樣就能保證 ESD 模型能輸出與 SD 相似的結果，由於這邊是以要把「梵谷風格」的內容去掉，所以在微調過程中會作為圖片輸入，讓 ESD 模型去學習要忘記的內容，這樣在最後透過提示詞輸出圖片的時候，就不會出現相關的內容，如下圖所示。

■ 圖 3.51 ESD 模型移除梵谷風格的輸出圖片。

SA 採取了與 SLD 與 ESD 截然不同的方法，它沒有從調整提示詞或是模型微調上著手，它參考的是持續學習 (Continual Learning, CL) 的作法，CL 這種做法比較接近無監督學習，是強 AI 研究的一個分支，主要的目的是模型要達到持續學習的效果。

不同於監督式學習，這比較接近我們人類學習新事物的方式，我們在學習新東西的時候，一般情況不會忘記已經學會的內容，這裡不考慮阿茲海默症的那些問題。

CL 能避免災難性遺忘 (Catastrophic Forgetting, CF)，這是一種在已經訓練好的模型上，以新數據重新訓練更新權重的常見問題，模型會喪失舊有的能力，在舊數據上的表現會大幅下降，CL 也具有可塑性及穩定性的特點；可塑性是學習新知識的能力，而穩定性是記住舊知識的能力。

　　SA 用到了在 CL 中的兩個主要方法，分別是：基於正規化的方法 (Regularization-based methods)、基於重播的方法 (Replay-based methods)。基於正規化的方法用到了彈性權重固化 (Elastic Weight Consolidation, EWC)，這個方法參考了人腦的神經突觸固化機制，設計了一套參數固定的演算法去保留知識，避免了 CF 的問題，參考下圖。

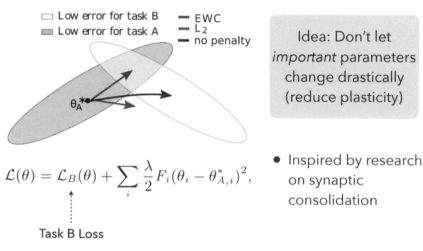

■ 圖 3.52 EWC 的演算法。

　　基於重播的方法則用了生成重播 (Generative Replay, GR)，在訓練生成器 (Generator) 時會加入舊數據，藉此強化其穩定性，另外透過生成對抗框架去訓練的求解器 (Solver) 會在訓練期間持續與生成器對抗，所以也能夠強化其可塑性，如下圖所示。

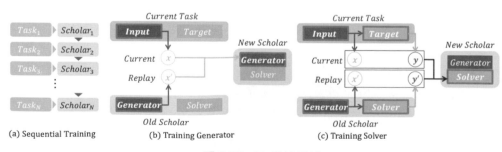

■ 圖 3.53 GR 的演算法。

在 SA 的演算法中，它將 EWC 及 GR 的兩個方法結合，藉此增強生成器的穩定性及可塑性，避免了 CF 的問題，最後透過替代目標 (Surrogate Objective) 的方法，將原本 VAE 中的最小化對數似然 (log-likelihood) 或是證據下界 (Evidence Lower Bound, ELBO) 的分布，改為替代目標的分布，這個分布不等於原本分布，並將其最大化，透過證明可知當這個分布越大的時候，被替代的原本分布就會越小，能找到 ELBO，生成器就能透過這樣的損失函數設計去學習，進而不生出學會的內容，如下圖所示。

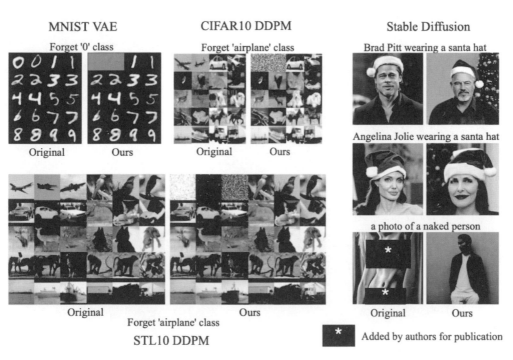

■ 圖 3.54 SA 的結果展示。

可以觀察到在 Mnist 的手寫數據集，VAE 無法忘記「數字 0」的內容，但 SA 可以；在 Cifar10 中的擴散模型應用 SA 就能忘記「飛機」的概念；至於 Stable Diffusion 中應用 SA 則可以忘記「名人」、「裸體」相關的內容。

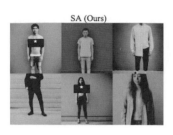

■ 圖 3.55　遺忘方法的比較。

最後是三種方法的比較，在「名人」方面，在遺忘的程度上，SA 取得了較高的分數；至於「裸體」參考上圖，這是透過提示詞「a photo of a naked person」在 I2P 的數據集上進行測試的，可以觀察到 SA 出現裸體的圖片較少，ESD 無裸體但顯示太多不相干的圖片，所以後續以 SA 結合 ESD 可能會是個有趣的嘗試。

3.11.4　對齊

本節會介紹對齊相關的內容；例如，圖文組合的對齊、擴散模型的對齊、限定區域的特徵對齊，這些對齊相關的手段將有助於模型提升性能，進一步強化其表現，以下依序介紹。

● 圖文組合的對齊

圖文組合的對齊，是一種透過校正各個圖文組合中的文字內容，以達到更精準描述其圖片的文字敘述的方法，這個方法是由 Google Research 協力提供的，他們將未對齊的問題定義為：Mismatch Quest。早期的方法，主要是定義一個標準可以算出對應的分數，這個分數一項單一數值；例如，匹配分數 (match score)，以匹配的機率表示圖文的匹配程度，以此為標準判斷是否需要調整圖文的對應內容，Mismatch Quest Solving 的方法是在原本的計算標準之外，還加上了指出有問題的地方，包含：描述文字錯誤的地方、框選對應的位置等，這就意謂它不是像寫考卷只告訴你答案是對或錯而已，還會告訴你應該如何修正可以拿到高分的概念，如下圖所示。

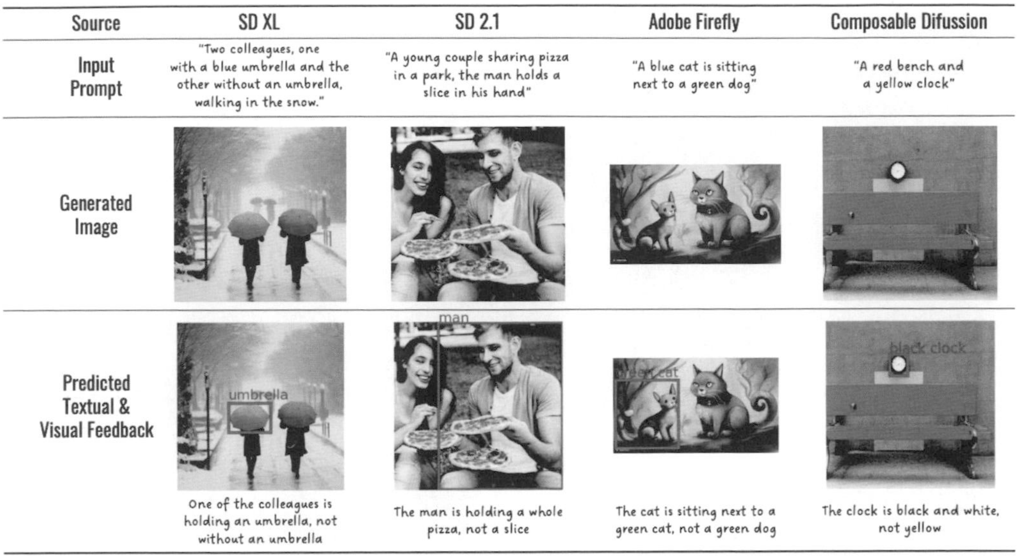

Source	SD XL	SD 2.1	Adobe Firefly	Composable Difussion
Input Prompt	"Two colleagues, one with a blue umbrella and the other without an umbrella, walking in the snow."	"A young couple sharing pizza in a park, the man holds a slice in his hand"	"A blue cat is sitting next to a green dog"	"A red bench and a yellow clock"
Generated Image				
Predicted Textual & Visual Feedback	One of the colleagues is holding an umbrella, not without an umbrella	The man is holding a whole pizza, not a slice	The cat is sitting next to a green cat, not a green dog	The clock is black and white, not yellow

■ 圖 3.56 常見擴散模型圖文對齊效果比較。

可以觀察到像是雨傘的顏色、披薩是否切片、貓狗的差異，甚至是故意誤導它說黃色的鐘，實際上是黑色的鐘在黃色牆面上，都難不倒它，都能夠準確的判斷出錯誤的地方，框選出真正有錯誤的位置，及提供對應的文字說明。

● 擴散模型的對齊

我們也可以嘗試將人類的偏好對齊到擴散模型當中，這裡介紹一個方法：DPO-Diffusion，參考下圖的簡介。

■ 圖 3.57　DPO-Diffusion 效果預覽。

　　直接偏好優化 (Direct Preference Optimization, DPO) 是從大型語言模型 (Large Language Model) 的監督式微調 (Supervised Fine-Tuning, SFT) 加上參考人類偏好的強化學習 (Reinforcement Learning from Human Feedback, RLHF) 改良而來的方法，原本在 LLM 中的 RLHF 方法是從提供欲優化的文字內容中，歸納出特定的獎勵函數，然後在微調模型去將其概念內化到模型當中，這是接近間接優化的概念；直接優化的方法則不需要獎勵函數，它是透過找到在高維度向量空間中的文字映射規則去微調模型，做法比較單純且可控性也比較高，比較不會碰到以 RLHF 優化模型後表現反而變差的問題。

■ 圖 3.58 SD XL 使用 DPO 的比較。

SD XL 使用了 DPO 以後，可以觀察到能夠生成細緻度更高的圖像，也更能滿足提示詞的需求，最後我們看張結果比較圖。

■ 圖 3.59 DPO-SDXL 細節展示。

可以看到基於 DPO 的 SDXL，能夠生成更具真實性的圖像，其中還包括了細節的最佳化，像是嘴型、眼神、及手指等，尤其是手指的修正有相當不錯的效果，手部崩壞 (Bad Hand) 是常常在使用 SD 生圖片很常見到的問題，即使將其設定負向提示詞有時候也不一定會有效果。

● **限定區域的特徵對齊**

以往的模型對於圖片的特徵描述，大都是基於整張圖片的文字內容，我們是否能以更準確的方式描述圖片中的特徵？為了解決這樣的問題，有人提出了分割及捕捉任意物體 (Segment and Caption Anything, SCA) 的方法，SCA 參考了分割任意模型 (Segment Anything Model, SAM) 的做法，以其架構作為基礎，並將原先的特徵混合器 (SAM Feature Mixer, SFM) 調整為多重特徵混合器 (Hybrid Feature Mixer, HFM)，達成除了輸出遮罩外，也能輸出對應的標籤或說明的效果，這樣就從單純分割出狗的遮罩外，也會新增了狗的標籤及關於狗在圖像中的描述；例如，草地上奔跑的棕色柯基犬，如下圖所示。

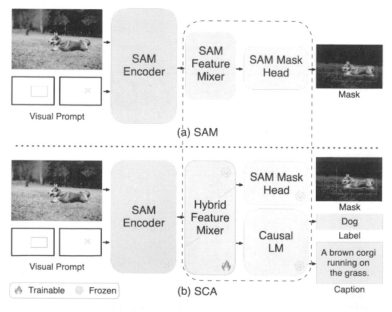

■ 圖 3.60　SCA 與 SAM 的差異。

可以觀察到在 HFM 的下方通道是可訓練的，它會將混合的特徵訊息，找到框選區域及對應標籤及描述在嵌入空間 (Embedding Space) 中彼此之間的關係，並將這樣的訊息傳遞給訓練好的因果關係語言模型 (Causal Language Model, Causal LM)，進而輸出其標籤及描述的結果。

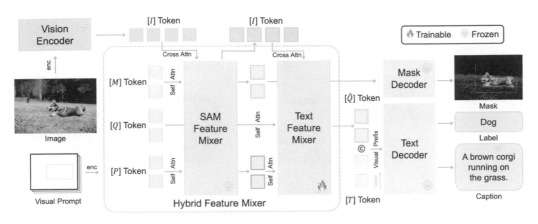

■ 圖 3.61　SCA 的架構。

SCA 的詳細架構參考上圖，左上方是 ViT (Vision Transformer) 的模組，它會擷取輸入圖片中的編碼訊息，透過交叉注意力模組將其中的特徵激活，左下方是用戶輸入的可視化提示詞 (Visual Prompt)，會將其編碼成對應的 token；例如，遮罩、框、點、筆劃或各自的任意組合，圖中的 [M] 代表遮罩 Mask，[Q] 代表 Query，query-based 的 token，[P] 代表點 Point，Query 為所有種類的任意組合，所以看它的箭頭會直接拉到 Text Feature Mixer，這些特徵最後會集中在 $\hat{Q}$，這裡統稱為 Visual Prefix，並與下方用戶輸入的 [T] Token 合併，作為 Text Decoder 的文本輸入，按照這個解碼器的判斷輸出 Label 或 Caption。

補充一下數據集的部分，受到機器學習的分支「弱監督學習 (weak supervised learning)」的啟發，與一般監督學習方法不同的地方在於，它有些數據集的資料蒐集是自行生成的，主要的概念類似於老師和學生，老師的數據集是先標記好的，只占整體數據集的一小部分，然後會把這些數據餵給小模型做訓練，這個小模型其實就是學生，當學生學會老師講授的內容，它就可以自行自動分類了，進而生成剩下數據集的內容，就能以此為基礎去完善整體數據集的內容，如下圖所示。

老師教學生如何分類書籍　　　　學生持續學習與反思

學生學會如何分類　　　　學生把剩下的書籍分類好

■ 圖 3.62 弱監督學習的概念。

the letter a on a red shirt
there is a woman sitting at a table with a laptop computer
a woman sitting on a bed with a laptop
woman wearing a orange shirt
a red shirt on a woman
the shirt is red in color
a red shirt on a woman
red short sleeve shirt

■ 圖 3.63 SCA 的效果與其他方法的差異。

　　最後我們看下 SCA 方法的特色，注意到紅色框選的區域，方法按照上到下的順序為：SAM、GRIT、SCA，其他為 ground truth 供參考用的，所以 SCA 的結果為綠底的文字，相較於其他方法來說，它的描述會更準確及詳細，可以看到 SAM 的描述比較少，至於 GRIT 在這張圖片的描述雖然比較詳細，但內容是有些錯誤的。雖然 SCA 目前來看效果還不錯，但它沒法同時框選多個區域並對該範圍進行描述，期待後續的優化了。

3.11.5　資料擴增定律

本節我們會討論關於近期生成資料的數據集研究，受惠於近期生成式 AI 的發展，數據集的份量可以藉此得到一定程度的擴充，按照監督式學習的思維，數據越多通常模型的表現會越好，但是否有些限制；例如，訓練集 (training set) 中增加多少數據下表現會最好、驗證集 (validation set) 中添加的新數據是否需要與原始數據有一定程度的差異、及生成的數據與真實數據的融合是否有助於提升模型表現，這些都是我們要去思考的問題，我們會先定義要分析的項目，然後以實驗觀察結果。

我們先將分析的項目區分為三個種類，分別是：文字到圖像的生成 (T2I Generation)、指標 (Metrics)、及拓展規則 (Scaling Laws)。這是一段流程，先以文字到圖像的生成因子去分析該模型的性能，接著以生出來的圖片由指標去評估其好壞，最後套用拓展規則以評估新的數據集對於模型表現的影響，如下圖所示。

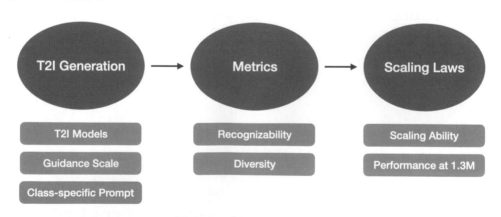

■ 圖 3.64　縮放定律的關鍵指標。

● 文字到圖像的生成

這個部分分為三個項目，文生圖模型的因子 (Factors on Text to Image Model)，包含：文生圖的模型 (T2I Models)、引導比例 (Guidance Scale)、特

定類別的提示詞 (Class-specific Prompt)。

文生圖的模型，這地方我們要去探討的部分是模型的選用對於生成表現的影響程度究竟有多大？應該如何選用適當的模型以滿足我們的需求？等等的這些問題。這裡我們先選用了三個文生圖模型，分別是：Stable Diffusion、Imagen、Muse。

引導比例，這裡的指的是無分類器引導 (classifier-free guidance, CFG) 的使用程度，像在 Automatic1111 的介面上預設是 7，經驗值來看這個數值 Stable Diffusion 最多可以調到 11，超過的話圖片看起來就會很怪。這邊我們先設定 Stable Diffusion 的實驗範圍為 1.5 到 10；Imagen 為 1.0 到 2.0；Muse 則是 0.1 到 1.0。

特定的類別的提示詞，細分為六種項目，分別是：類別名稱 (Class names)、類別名稱及其描述 (Class names and Description)、類別名稱及其上位詞 (Class names and Hypernyms)、文字到句子 (Word to Sentence)、CLIP 範本 (CLIP Templates)、及類別名稱與 ImageNet 結合 (IN-Captions)，參考下圖。

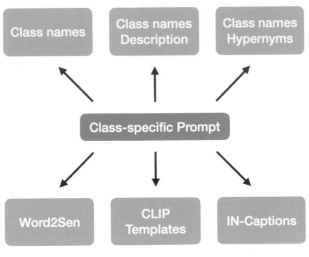

■ 圖 3.65　Class-specific Prompt 種類。

Persian cat Chinchilla stand on the grass
Negative prompt: bad, ugly
Steps: 20, Sampler: DPM++ 2M Karras, CFG scale: 7, Seed: 2204947905, Size: 1024x1024, Model hash: e6bb9ea85b, Model: sd_xl_base_1.0_0.9vae, Version: v1.6.0

■ 圖 3.66　特定類別提示詞，以金吉拉為例。

參考上圖，我們用波斯貓的照片作為例子，以解釋上述的內容：

➢ 類別名稱：「金吉拉」

➢ 類別名稱及描述：「金吉拉，一種波斯貓，是屬於波斯貓類的家貓，祖先是安哥拉貓與波斯貓。」

➢ 類別名稱及其上位詞：「金吉拉，波斯貓，一種長毛貓。」，其中描述及上位詞都是透過 WordNet 去生成的。

➢ 文字到句子：「金吉拉站在草皮上。」，由 T5 模型將 ImageNet 的類別名稱轉換成句子。

➢ CLIP 範本：「金吉拉的照片。」，使用零樣本 (zero-shot) 分類任務的文字範本 CLIP 生成句子。

➢ 類別名稱與 ImageNet 結合：「金吉拉，一隻貓，站在草地上。」，將類別名稱與 ImageNet 的訓練圖像標題結合作為輸入，以 BLIP 輸出字幕內容。

● 指標

這個部分分為兩個項目，分別是：可識別性 (Recognizability)、多樣性 (Diversity)。

可識別性，指的是生成圖像的識別度，包含了像是高精密度 (Precision)，要能夠肉眼辨識出生成圖像的物體的所屬類別之外，也要有足夠高的召回率 (Recall)，代表這個物體是真的代表其所屬的類別，我們可以將精密度作為 X 軸，召回率作為 Y 軸，以此繪製接收者特徵操作曲線 (Receiver operator characteristic curve, ROC curve)，以比較不同分類模型的表現，越好的模型曲線會越接近 Perfect classifier，越差的模型曲線會越接近 Random classifier，如下圖所示。

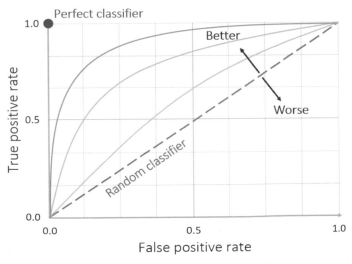

■ 圖 3.67 圖像分類的 ROC 曲線。

多樣性，指的是生成的圖像要有一定的隨機性，盡可能地和原始圖片的呈現有差異，為了達成這個目標，我們可以從相同的預訓練模型中萃取特徵，並計算不同類別圖像的特徵空間上的標準差，然後計算所有類別的平均分數。

● 拓展規則

這個部分分為兩個項目，分別是：拓展能力 (Scaling Ability)、及模型規模固定 (ImageNet 訓練集 1.3M) 的表現，我們會將這兩項規則合併成公式以方便評估。

拓展能力，先假設是線性規則，也就是有個斜率值，找到在一定模型規模底下的斜率值維持不變是重點。

模型規模固定，在訓練資料固定大小的情況底下，判斷究竟能拓展到什麼程度，這裡我們會測量模型在 ImageNet 訓練集 1.3M 的分類能力。

● 實驗結論

本節我們會以文字到圖像的生成 (T2I Generation)、指標 (Metrics)、及拓展規則 (Scaling Laws) 等方面去呈現結果。

T2I Generation 結合 Metrics 分析可以發現，當類別名稱與 ImageNet 結合 (In-Captions) 固定的時候，**模型的選用** (T2I Models) 不會有顯著的影響，意味著只要我們使用堪用的生成模型即能有不錯的效果；**提示詞的選定** (Class-specific Prompt) 的影響則比較明顯，越明確且詳細的提示詞內容會生成越好的圖像，**可辨識度** (Recognizability) 越高，適當的調整提示詞也能有效地增加生成圖像的**多樣性** (Diversity)；**引導比例** (Guidance Scale) 與**可辨識度**成正比，**多樣性**成反比，如下圖所示。

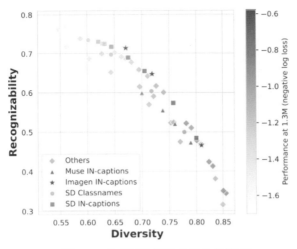

■ 圖 3.68 可辨識度及多樣性的關係。

Scaling Laws 方面，可以看到訓練集的大小從 0.125M 到 4M 之間呈現線性關係，如下圖所示。意味著在這個範圍內資料越多模型的準確度會線性上升，超過就會變成接近對數函數 (log function) 的關係，但從橘色虛線可以發現，經過適當的調整後，4M 到 8M 間可以接近線性關係，這個適當的調整方向包含：文生圖的模型 (T2I Models)、引導比例 (Guidance Scale)、特定類別的提示詞 (Class-specific Prompt)。

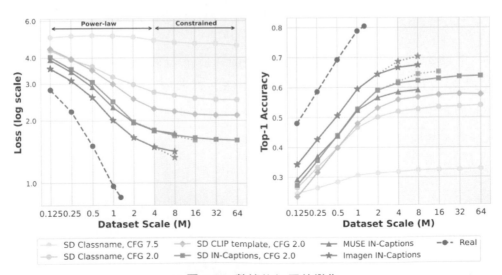

■ 圖 3.69 數據集拓展的變化。

在適當的調整中還有些其他的新發現，擴充數據集時，使用真實資料會比合成資料好得多，這有可能是額外生成資料與實際情況的差異性過大造成的，另外提示詞的選定及 CFG 值的設定也格外重要，兩者要有很好的搭配才能生成更具有多樣性的圖像，但即使如此，這些合成資料的表現依舊比真實資料來的差。

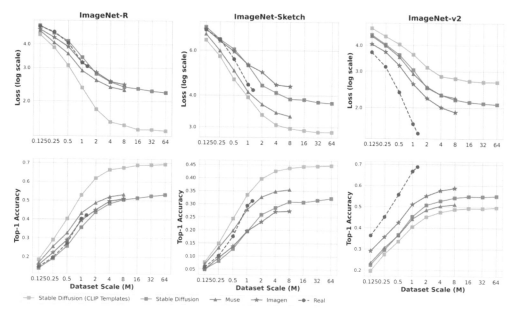

■ 圖 3.70　不同 ImageNet 數據集比較。

參考上圖，我們以不同的 ImageNet 變體進行測試，實測結果發現，除了從 1.25M 到 4M 間一樣呈現線性關係之外，在特定的類別上；例如，ImageNet-R、ImageNet-Sketch，模型的表現會比以實際數據擴充要好，這顯示了合成數據的潛力。

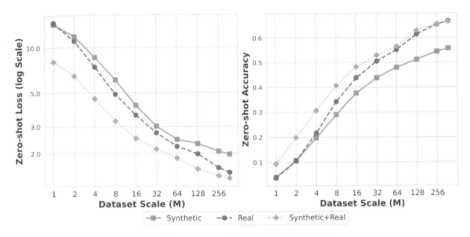

■ 圖 3.71 CLIP 數據集拓展的效果。

在 CLIP 模型的拓展實驗中，驗證了 LION-400M 的數據集，可以觀察到合成數據與真實數據混用的效果會最好，其次是真實數據，最差的是合成數據。

3.11.6 小結

最後，我們總結下整體的規則，將評估步驟列出，如下圖所示。

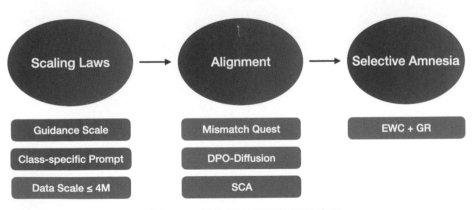

■ 圖 3.72 優化擴散模型的評估步驟。

　　首先，資料擴增定律方面，預訓練模型可以取用開源的模型；例如，Stable Diffusion，在微調模型階段，須注意類別提示詞及 CFG 的設定，這些參數會深深影響模型的性能；另為保證數據集的最佳拓展，可考慮將數據大小壓縮在 4M 以下，以維持性能與數據之間的線性關係；數據品質方面，除非需要調整 CLIP，不然沒有用到合成數據的必要，使用合成數據應與真實數據搭配為佳。

　　再來，對齊方面，圖文組合的對齊，可以參考 Mismatch Quest 中定義的方法，它定義了一套評估標準來衡量對應的分數；擴散模型的對齊，可以參考 DPO-Diffusion 中的方法，可以利用其方法將人類偏好納入擴散模型中；限定區域的對齊，可以參考 SCA 的方法，它能夠有效的增強框選區域的提示詞內容。

　　最後，選擇性遺忘，我們看到了擴散模型忘記知識的方法，SA 的做法是基於持續學習當中的方法，結合了其中的 EWC 及 GR，透過這樣的方法可以很好地忘卻已經學習過的內容，藉此將不必要留存於模型中的訊息有效地抹除。

3.12 圖像生成模型的分析

圖像生成模型的關鍵組件有哪些？

3.12.1 提要

- 前言
- 文生圖組件分析
- 文生圖位置分析
- 圖生圖轉換分析

3.12.2 前言

本節我們會分析生圖模型中的相關組件，探討模型中的關鍵元件，以了解是哪些因素及組成決定了生圖的內容、位置，本節內容包含：文生圖組件分析、文生圖位置分析、及圖生圖轉換分析。

3.12.3 文生圖組件分析

我們先將文生圖的模型拆分為兩個組件去看，分別是：UNet、Text-Encoder，接著將其分為幾四種狀況去分析比較，如下圖所示。

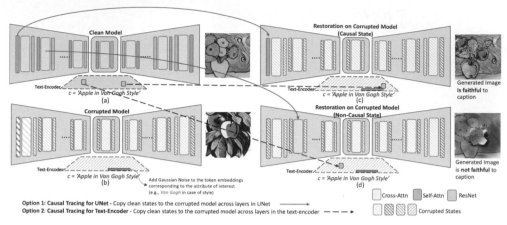

■ 圖 3.73　文生圖模型的因果追蹤。

　　依照左到右及上到下的順序，依序可分為：初始模型 (a)、有損模型 (b)、在有損模型上恢復 - 因果狀態 (c)、在有損模型上恢復 - 非因果狀態 (d)。主要追蹤分別調整 UNet 或 Text-Encoder，對於模型的表現所造成的變化。

　　首先，準備一個預訓練的模型；例如，Stable Diffusion，將其作為初始模型；提示詞設定為「梵谷風格的蘋果」，然後將高斯雜訊加入到以「梵谷」作為標記嵌入 (token Embedding) 之中，將其概念抹除，這樣就有了有損的模型；因果相關的分析，則是參考了以前 LLM 的作法：因果中介分析 (Causal Mediation Analysis, CMA)，這是一種原本在語言模型中分析關鍵組件的方法，作法是將 UNet 或 Text-Encoder 一層層從初始模型複製到有損模型中。

　　分析後發現，對於有損模型的恢復來說，因果狀態的可以根據提示詞生成對應的圖像，但非因果狀態的會有生成內容與提示詞對不上的問題，以此得知在擴散模型中是有存在因果關係的組件。

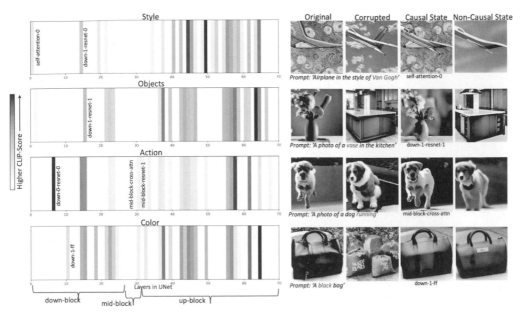

■ 圖 3.74 UNet: 在模型內知識分散。

　　參考上圖，這邊使用到了 CLIP-Score 作為判斷圖像好壞的標準，分數越高代表生成內容與提示詞的匹配度越高，顏色也會越深，可以觀察到不管是哪種屬性；例如，**風格、物體、動作、及顏色**，大部分屬性都集中在上層區塊 (up block)，不過彼此細部的因果狀態分布都不太一樣；例如，自注意力層 (self-attention layer) 對**風格**的因果關係有影響，但**動作**則是交叉注意力層 (cross attention layer)，也就是說，儲存在 UNet 的知識是分散的，這發現蠻有趣，因為這與以往在 LLM 中認為關鍵組件為交叉注意力是不同的。

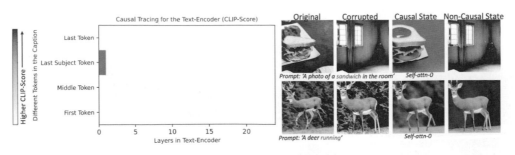

■ 圖 3.75 Text-Encoder: 在模型內知識集中。

　　如上圖，在 Text-Encoder 方面，知識的分布相當集中，全都集中在自注意力層的第一層，只要從初始模型將其複製到有損模型，就會有相當不錯的表現。

■ 圖 3.76　Diff-QuickFix 結果分析。

　　研究團隊還將其整理成 Diff-QuickFix，這是一種快速編輯生成圖像概念的方法，可以看到編輯因果層後 CLIP Score 大幅下降，意味著相較其他方法來說，概念抹除或是概念編輯的能力都不錯。具體來說這種編輯方法不會影響到其他類似概念，像是移除了「梵谷」概念後，「莫內」風格的畫風不會受到影響，另外，若有概念需要更新時，適當的引入也能套用到後續的生成結果中，像是更新美國總統的名字。

　　總結來說，透過因果中介分析的視角，我們了解文本到圖像擴散模型中與不同視覺屬性相對應的知識儲存的方法；例如，UNet 中視覺屬性的因果狀態有明顯的分佈，而文字編碼器則保持單一的因果狀態。這與 GPT 等語言模型中的觀察結果有很大不同，其中事實資訊集中在 MLP 中間層。另外，像穩定擴散這樣的文本到圖像模型將多個視覺屬性集中在文字編碼器的第一個自注意力層中。

3.12.4 文生圖位置分析

文生圖位置分析，這節我們要介紹一個關於提示詞混合技術的方法，它可以有效地保留原本物體的位置及背景，僅針對物體的部分進行變化的呈現，如下圖所示。

■ 圖 3.77 區域提示詞混合技術。

可以看到一個籃子及馬克杯的提示詞，能夠針對籃子或是馬克杯產生不同的變體，籃子與馬克杯相對位置不變且背影維持一致。

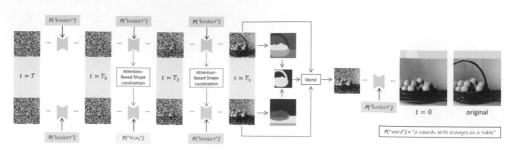

■ 圖 3.78　混合提示詞的演算法。

　　混合提示詞的運作流程，如上圖所示。可以看到是一個去噪 (denoise) 的流程，其中分為三段時間段，分別是：T~T_3、T_3~T_2、T_2~T_1，其中 T_3~T_2 的時間段輸入了「托盤」，綠色的部分，最後根據上下兩段不同的去噪結果轉換成對應的分割圖 (segmentation map)，將兩個不同的分割圖混合，並應用基於注意力的形狀定位技術來保留其他物件的結構，這邊的例子是「桌子」。可以注意到主要是透過選擇性地從參考去噪過程中注入自注意力圖來實現，下圖展示了不同比例的結果；例如，球、金字塔等，會依照想要的比例去生成對應的樣子。

■ 圖 3.79　提示詞混合的不同比例效果。

這段描述了在去噪的流程當中，為了要保持原本物體的形狀，向這邊的例子是狗，會將其像素的位置轉換成自注意力圖，這樣網路就會知道哪些是我們所關注的重點，就會在後續盡量保持其形狀，另一方面，要保持其物體的位置，就需要用到交叉注意力圖，將兩者合併並作為下一階段的輸入，就能持續地保持物體的形狀及位置了。

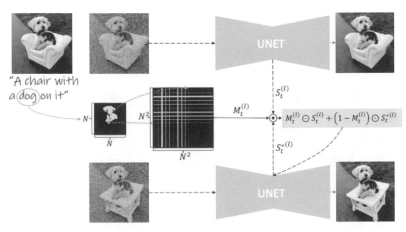

■ 圖 3.80 基於注意力的形狀定位。

下圖展示了不同物體的分割圖，這是可控保留背景的技術，基於自注意力圖對影像進行分割，並透過考慮交叉注意力圖來標記每一個片段，但這個方法必須以生成模型的內部特徵對分割所需的資訊進行編碼作為前提才能使用。

■ 圖 3.81 使用自注意力技術的分割圖。

　　下圖展示了不同物體的變化結果，多樣性的指標看起來還可以，不會太單調，變化性還算高，形狀的位置和背景都有保持原樣，僅針對想調整的地方變化。

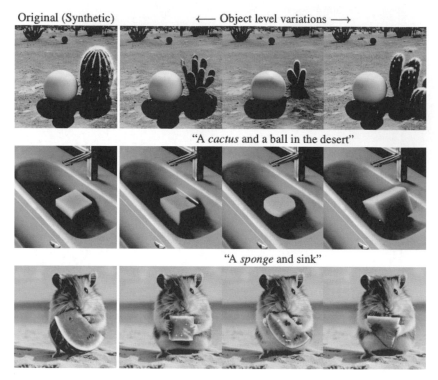

■ 圖 3.82　物體級別的不同生成變體。

　　這裡展示了與其他方法的比較，這個方法變化性高且合理，以「一隻貓咪在沙發上」的提示詞為例，不會像 Inpainting 會產生貓咪版的抱枕，SD Edit 的方法貓看起來比較假且背景沒保持住，另外，這兩種其他方法都改變到紋理居多。

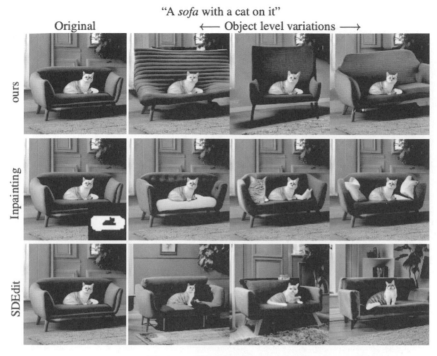

■ 圖 3.83 生成變體的方法比較。

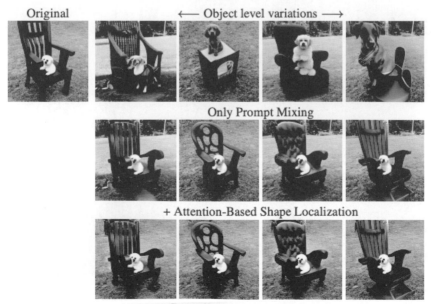

■ 圖 3.84 完整物件的編輯流程。

參考上圖，整體流程的部分，首先是提示詞混合，以決定圖像中物體構成的比例；其次是基於注意力的形狀定位；再者是可控的背景保留；結合這三者構成了最後的生圖結果，達到可控制形狀及位置的圖像生成。

總結來說，我們引入了一種提示混合技術，在降噪過程中混合使用不同的提示。這種方法的前提是去雜訊過程是一種既有的從粗到細合成 (innate coarse-to-fine synthesis)，大致由三個階段組成。第一階段，起草整體配置或佈局。第二階段，物體的形狀形成。最後，第三階段，產生精細的視覺細節。

3.12.5　圖生圖轉換分析

這節要介紹一個針對圖像編輯的方法：pixel2pixel zero，它可以讓用戶即時輸入要改變的方向，進而去影響最後生成圖像的內容；例如，貓→狗、馬→斑馬，甚至是其他方面也可修改，例如，動作、風格等，如下圖所示。

■ 圖 3.85　圖生圖轉換結果展示。

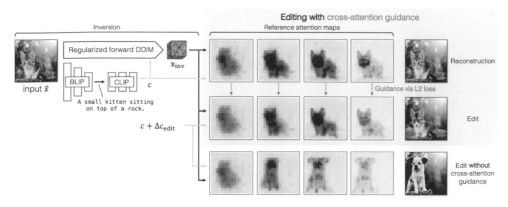

■ 圖 3.86　pixel2pixel zero 的方法。

　　參考上圖，以貓→狗編輯為例進行說明。首先，我們使用正規化 DDIM 來獲得雜訊圖。　這是由文字嵌入引導的，使用 BLIP 和 CLIP 自動計算。然後，我們用原始文字嵌入去雜訊以獲得交叉注意力圖，在第一列列作為輸入影像結構的參考。接下來我們使用編輯後的文字嵌入 c 進行去噪，在第二列列以損失 L_2 來鼓勵交叉注意力圖匹配參考交叉注意力圖。這可確保編輯後的影像的結構與原始影像相比不會發生顯著變化。第三列顯示了沒有交叉注意力引導的去噪，導致結構偏差較大。

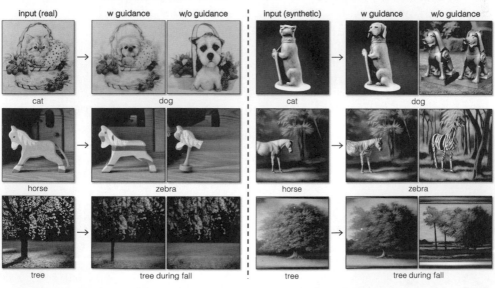

■ 圖 3.87　交叉注意力引導在結構保留的功效。

　　參考上圖，左圖有引導，右圖沒引導，可以觀察到有交叉注意力引導 (cross-attention guidance) 的情況下，圖像的生成會嚴格遵守其基礎形狀及其位置，看起來比較像是微幅修改，遵守了大方向的框架，反之則亂畫一通，隨機度很高。

■ 圖 3.88　生圖時透過 GAN 或擴散的差異。

　　另外，為了改善其生圖的速度，還將原始的擴散方法更換為條件式的 GAN，運用到了模型蒸餾 (model distillation) 的技巧，以 A100 GPU 的情況來說，將其生圖的迭代速度提升了 3,800 倍。

3.12.6 小結

　　本節我們介紹了文生圖及圖生圖相關的分析內容，包含：文生圖組件分析、文生圖位置分析、及圖生圖轉換分析，我們已經知道，擴散模型中的組件 Unet 及 Text-Encoder 尤為重要，關於自注意力的機制很大程度影響了生成的可控性，而透過交叉注意力的引入，我們可以更好地提示模型關注的方向，使得模型可以依照其指示的規則生成更準確貼近原始框架的內容，同時保有其多樣性，達成了可控的差異化生圖，下一章，我們會介紹應用操作相關的內容。

第四章

Stable Diffusion 的應用

4.1　生成式圖像工具介紹

4.2　SD 的安裝教學，介面總覽

4.3　SD 生成模式介紹與使用

4.4　SD 生成方法的選擇

4.5　SD 模型訓練

4.6　評估 SD 模型的方法

4.7　SD 模型下載站介紹

4.8　SD 生成模式介紹與使用之一

4.9　SD 生成模式介紹與使用之二

4.10　SD 生成模式介紹與使用之進階功能

4.11　ControlNet 應用

4.12　SD XL 應用

　　在本章中，我們將探索 Stable Diffusion 相關的原理，包含：生成式圖像工具介紹、SD 的安裝教學、SD 生成模式的介紹與使用、SD 生成方法的選擇、SD 模型訓練、評估 SD 模型的方法、SD 模型下載站介紹、SD 生成模式介紹與使用之一、SD 生成模式介紹與使用之二、SD 生成模式介紹與使用之進階功能、ControlNet 應用、及 SD XL 應用。

4.1 生成式圖像工具介紹

介紹一些常見的圖像生成工具。

4.1.1 提要

● 前言
● 圖像生成工具介紹
● 圖像生成工具比較

4.1.2 前言

　　本節會介紹一些市面上常見的 AI 生圖工具，包含：Midjourney、Stable Diffusion、DALLE2、Leonardo Ai、SeaArt、Lucidpic、Pebblely、 及 Synthesys X。

　　P.S. 比我想像中要多超多 XD

4.1.3 圖像生成工具介紹

➢　Midjourney：早期三大工具之一，以前免費，現在要錢，可以接受簡單指令生成，沒有複雜操作，可以支援 Discord。

➤ Stable Diffusion：早期三大工具之一，開源，上手門檻高，可調整參數最多，有外掛插件可以做個人化生成，之前可用 Colab，現在已不開放，要自己架設環境。

➤ DALLE2：早期三大工具之一，現在已經更新到 3，僅支援簡單指令生成，一個帳號免費額度約 50 次左右，超過要付費。

➤ Leonardo Ai：有人一定會先懷疑是否 Ai 打錯，絕對沒有請放心，猜想可能是特殊設計，比較好讓人有記憶點，這套跟 DALLE 類似，研判是競品。

➤ SeaArt：介面看起來跟 Civitai 非常相像，接近 Stable Diffusion，能簡易生成，有支援 Discord。

➤ Lucidpic：在線生圖，不過是以人臉為主，要付費。

➤ Pepplely：這個也能生圖，不過他主要的功能是要合成商品的介紹用的，比較傾向網路銷售產品用的，按圖計費。

➤ Synthesys X：這個工具很有趣，它是可以作為 plugin 裝在 Google Chrome 上的，可以在瀏覽器上直接使用，不過只有支援以圖生圖功能。

4.1.4 圖像生成工具比較

■ 表 4.1　圖像生成工具一覽表。

工具名稱	是否收費	客製化程度	外部支援	隱私度	易於註冊
Midjourney	要收費	普通	有	普通	是
Stable Diffusion	免費	最高	少	高	是
DALLE2	部分免費	普通	有	普通	是
Leonardo Ai	部分免費	普通	有	普通	否
SeaArt	部分免費	高	有	普通	是
Lucidpic	要收費	低	有	普通	是

　　詳細的功能試用，歡迎使用參考文獻的連結自行註冊測試，謝謝大家。

　　另外要補充一個小東西，筆者在調研的時後，發現大約在半年前有很多人推薦使用 VEGA AI，特別去看了下網址：https://rightbrain.art/，這個連結已經失效 (或是非大陸區域不能用 XD)，其他都是詐騙，有不少釣魚網站，不要隨便下載檔案，非常危險，請大家告訴大家。

4.1.5　小結

　　本節介紹了關於生成式 AI 工具的內容；例如，圖像生成工具介紹、圖像生成工具比較，下節會介紹 Stable Diffusion 的安裝。

4.2　SD 的安裝教學，介面總覽

> SD 的基礎安裝與設定。

4.2.1　提要

- 前言
- 前置準備
- 環境選定
- SD 的安裝

4.2.2　前言

　　昨天我們介紹了關於 Stable Diffusion 的內容 (後面簡稱 SD)，本節我們從安裝開始，一步步手把手示範如何使用 SD，內容包含：前置準備、環境選定、及 SD 的安裝。

4.2.3 前置準備

我們先看看下自有的電腦配置，目前可建置的具體參考網址為：https:// github.com/AUTOMATIC1111/stable-diffusion-webui，這是一個構建 stable-diffusion-webui 的網站，安裝好後可以有 UI 的網頁畫面供操作，要注意的是要用哪種運算資源做 AI 生圖，目前支援：NVIDIA 的 GPU、AMD 的 GPU、及 Intel 的 CPU，建議是用 NVIDIA 的 GPU，按照之前的使用經驗，在跑生圖的時候，vram 至少要 6G 以上才會比較穩，但如果是要訓練 ckpt 或 safetensors 那些的話，建議是 10G 以上，不然跑不動，雖然它有提供降低 vram 附載的參數，但如果資源不夠的時候還是有機會掛掉，另外它也有支援純 CPU 運行的模式，但這部分筆者就沒試了，也不建議嘗試啦！高機率會浪費時間，這邊小結一下：

1. GPU: NVIDIA GPU vram 至少 6G，建議 10G 以上會更好。

2. CPU: vcore 至少 4 或以上。

3. RAM: 16G 以上，跑圖比較不會掛掉，訓練也穩。

4. 一顆學習的心：因為接下來的操作很吃手動，目前 SD 更版週期為 2~3 週左右，有時碰到新問題還得自行排查，先打下預防針，另外有些 bug 是版本問題造成的，不幸碰到得先速速降版，不然就沒得用啦！

4.2.4 環境選定

筆者是用 Docker 環境下去安裝的，基礎映像使用 Ubuntu:22.04，若讀者為 Windows 的情況請參考這裡：https://github.com/AUTOMATIC1111/ stable-diffusion-webui#automatic-installation-on-windows，以下會以 Docker 及 Ubuntu:22.04 的情況進行示範。

以下操作不限於 Ubuntu，都是 Linux based 的指令

✧ CPU 檢查

```
test@ubuntu22:~$ lscpu
Architecture:              x86_64
CPU op-mode(s):            2-bit, 64-bit
Byte Order:                Little Endian
Address sizes:             39 bits physical, 48 bits virtual
CPU(s):                    16
On-line CPU(s) list:       0-15
Thread(s) per core:        2
Core(s) per socket:        8
Socket(s):                 1
NUMA node(s):              1
Vendor ID:                 GenuineIntel
CPU family:                6
Model:                     165
Model name:                Intel(R) Core(TM) i7-10700 CPU @ 2.90GHz
```

✧ GPU 檢查

（這招不用 nvidia-smi，萬一驅動掛掉還能用！但要先跑 update-pciids 激活，才能顯卡型號。）

```
test@ubuntu22:~$ lspci -nn |grep '\[03'
01:00.0 VGA compatible controller [0300]: NVIDIA Corporation AD102
[GeForce RTX 4090] [10de:2684] (rev a1)
```

✧ RAM 檢查

```
test@ubuntu22:~$ free -h
              total      used      free    shared   buff/cache   available
Mem:           62Gi     3.6Gi      47Gi      19Mi         11Gi         58Gi
Swap:            0B        0B        0B
```

✧ 一顆學習的心

相信自己可以做到，若是心不安，就買一包綠色乖乖放在測試機旁邊。

4.2.5 SD 的安裝

➢ Docker 安裝

老生常談，請看以下示範，或參考這裡：http://docs.docker.com/engine/
install/ubuntu/。

```
# Add Docker's official GPG key:
sudo apt-get update
sudo apt-get install ca-certificates curl gnupg
sudo install -m 0755 -d /etc/apt/keyrings
curl -fsSL https://download.docker.com/linux/ubuntu/gpg | sudo gpg
--dearmor -o /etc/apt/keyrings/docker.gpg
sudo chmod a+r /etc/apt/keyrings/docker.gpg

# Add the repository to Apt sources:
echo \
  "deb [arch="$(dpkg --print-architecture)" signed-by=/etc/apt/key-
rings/docker.gpg] https://download.docker.com/linux/ubuntu \
  "$(. /etc/os-release && echo "$VERSION_CODENAME")" stable" | \
  sudo tee /etc/apt/sources.list.d/docker.list > /dev/null
sudo apt-get update
sudo apt-get install docker-ce docker-ce-cli containerd.io docker-
buildx-plugin docker-compose-plugin
```

➢ 安裝驅動

```
sudo apt install nvidia-driver-525-server -y
sudo reboot
```

安裝完驅動一般來說會自動幫你更新 kernel 到最新，這是正常的。

➢ 啟動容器

```
sudo docker run --gpus '"device=0"' --network host --name test1 -it
```

```
ubuntu:22.04 bash
```

這邊指用到了第一張 GPU 及映射主機網路設定與容器內同步。

➢ 安裝 SD

（裝在容器內，可以自行封裝 image 另用，就不用重新建置了！）

```
# 先看能否抓到顯卡
nvidia-smi
# 安裝依賴包
apt update
apt install wget git python3 python3-venv libgl1 libglib2.0-0
# 下載 UI 運行腳本
wget -q https://raw.githubusercontent.com/AUTOMATIC1111/stable-diffu-
sion-webui/master/webui.sh
chmod +x webui.sh
# 進行安裝並啟動 SD
./webui.sh -f --listen
```

跑完後他會開在預設的端口 7860，就能直接連啦！

輸入 --help 可以看其他常用參數。

如果你懶得自己裝，筆者有個封裝好的可以直接用：

```
sudo docker run --gpus '"device=0"' --network host --name test1 -it
105552010/sd-test:v1.6.0 bash
```

介面會長這個樣子：

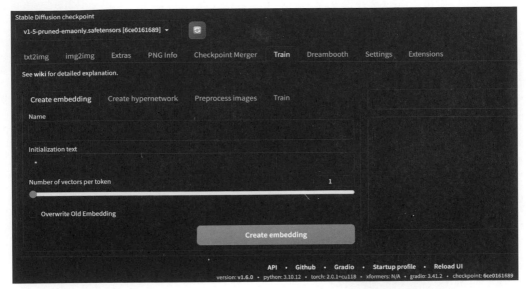

■ 圖 4.1 SD 介面。

4.2.6 小結

　　本節我們介紹了關於 SD 安裝的內容；例如，前置準備、環境選定、及 SD 的安裝，下節會介紹 SD 常用操作的內容。

4.3 SD 生成模式介紹與使用

Stable Diffusion 的常用功能。

4.3.1 提要

● 前言

● 介面概覽

● 文生圖

● 圖生圖

4.3.2 前言

本節我們會學習基礎的 SD 使用，內容包含：介面概覽、文生圖、及圖生圖。

4.3.3 介面概覽

介面圖如下所示。

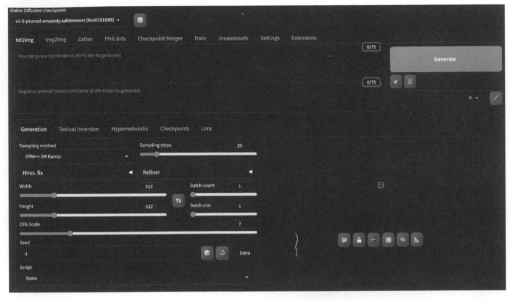

■ 圖 4.2 SD 的操作介面。

可以看到操作參數非常之多,筆者第一次看到差點沒暈倒,我們只要先關注最左邊的兩個分頁就好,就是 txt2img 和 img2img,這是文生圖、圖生圖的功能位置,最左上方,可以看到 v1.5-prune 的那個選項,代表已經載入可使用的 checkpoint,主 Model 就是用這個,如果有需要其他選項,可以自行到 https://civitai.com/ 下載。

4.3.4 文生圖

以下圖方式作為示範,像筆者輸入提示詞 (prompt):8k, beautiful scene, midnight, dark, lake with forest, moon,效果如下:

■ 圖 4.3　文生圖示範。

這邊說明下用到的參數：

1. Sampleing method：這是生成的方式，很多選項，可以比較看看生成的差異。

2. Sampling steps：次數調越高，精細度會越高，通常設定 20-30。

3. Width、Height：解析度。

4. Batch Count：要生成幾張。

5. Batch Size：從幾張中挑出來生成，調越高品質越好，但時間變長。

6. CFG Scale：比較少改，維持 7-11 就行，這是控制圖像生成過程中的細節程度的參數。

7. Seed：亂數種子，固定的話每次生成的圖片都一樣。

提示詞的使用規則：

1. 括號設定法：小括號中先輸入要的詞彙，接著用冒號指定使用的比例；例如，(cat:1.2)，表示貓出現的比例比直接下 cat (cat:1) 更多，也可以直接用小括號括起來；例如，(cat)，這相當於 (cat:1.1)，也就是權重乘以 1.1 倍，小括號可以有很多層，每多一層代表再乘以 1.1，所以如果是 ((cat)) 就代表要乘以 1.21 倍，相當於 (cat:1.21)，還有一種是中括號；例如，[cat]，表示將 cat 的權重乘以 0.952 倍，相當於 (cat:0.952)，可以理解為略微減少權重的概念，最後一種是大括號，會將原本的權重乘以 1.05 倍；例如，{cat} 就相當於 (cat:1.05)，無論是小中大括號，都可以加多層，但要注意**權重盡量不要超過 1.5 倍**，不然生出來的東西有很高機率看起來會很奇怪。

2. 步驟設定法：可以設定步驟的開始、結束、一段區間要畫哪些東西；例如，[cat:10]，表示從第 10 步驟開始畫貓，[cat::25]，表示到第 25 步驟以後就不再畫貓了，[(cat:30):10]，表示貓從第 10 步驟畫到第 30 步驟。

3. 百分比設定法：這方法可以決定要畫的物體之先後順序及步驟的比例；例如，[boy:girl 0.8]，表示前面80% 先畫男孩，後面20% 畫女孩。

[boy:girl0.9]
Steps: 20, Sampler: DPM++ 2M Karras, CFG scale: 7, Seed: 3856684068, Size: 512x512, Model hash: 2b6738527a, Model: anyorangemixAnything_mint, Version: v1.7.0

■ 圖 4.4　百分比設定範例。

4. 混合設定法：這方法可以設定混合的比例；例如，「1 girl, [silver|white] hair, blue eyes」，其中的 "|" 符號就表示要一個銀白髮色，參考下圖。

1girl, [silver|white] hair, blue eyes, smile
Steps: 20, Sampler: DPM++ 2M Karras, CFG scale: 7, Seed: 2580881334, Size: 512x512, Model hash: 2b6738527a, Model: anyorangemixAnything_mint, Version: v1.7.0

■ 圖 4.5　混合語法範例。

4.3.5　圖生圖

這邊示範簡單的圖生圖，搭配 Inpaint，點那個調色盤。

■ 圖 4.6　圖生圖示範。

接著到圖生圖的分頁，將要改的地方塗掉。

■ 圖 4.7　Inpaint 圖生圖。

可以看到原本的月亮被塗掉後，它幫筆者生成了一個超級藍月，看起來效果還可以。

提示詞的使用，越前面的權重會越大，代表越重要，所以在這邊要把 midnight 排在月亮前面，不然白天生成的月亮就變成是很暗的太陽，看起來就會很奇怪。

4.3.6 小結

本節我們介紹了關於 SD 基礎的內容；例如，介面概覽、文生圖、及圖生圖，下節會介紹 SD 的模型訓練。

4.4 SD 生成方法的選擇

Stable Diffusion，該選擇哪種取樣方式呢？

4.4.1 提要

● 前言

● 主要類別

● 選擇方法

4.4.2 前言

　　本節我們會討論關於取樣方法的選擇，取樣的流程是一個對圖像去噪的流程，所以也就是以哪一個方法去生成圖像，我們會先將其分類為幾個項目，依序介紹後，接著分析每一個主要方法的使用時機，內容包含：主要類別、選擇方法。

4.4.3 主要類別

　　我們先將這些取樣器 (sampler) 分為三個類別，分別是：k-diffusion、DDIM 及 PLMS、UniPC。k-diffusion 可以再細分為三類，包含：傳統 ODE 求解器、DPM 系列、Karras 系列。詳細的取樣器選項，如下圖所示。

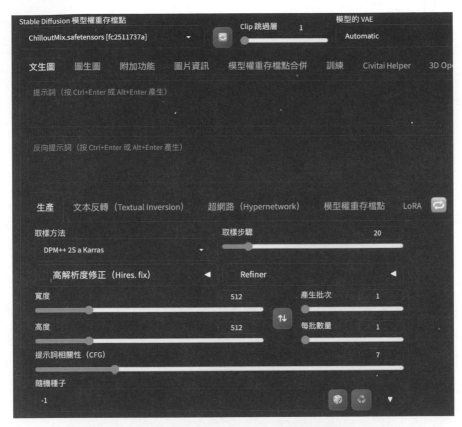

■ 圖 4.8 Automatic1111 操作介面。

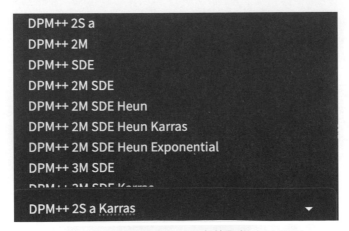

■ 圖 4.9 Automatic1111 中的取樣方法選項。

　　我們先看 k-diffusion 的部分，傳統 ODE 求解器，大致上分為：Euler、Heun、LMS。Euler 是最簡單的求解器，換句話說，它的生成圖像時間最短，我們可以在很少步驟的情況下生成我們要的結果；Heun 是更準確版本的 Euler，意思是生成的內容與提示詞的內容更相符，但它的生成速度較慢，算是一種 trade off；LMS 速度與 Euler 相近，但理論上更準確。

　　再來是 k-diffusion 中的 DPM 系列，這是種擴散模型的取樣方法，也就是 Diffusion Probabilistic Models，DPM2 是基於 DPM 的另一種選擇，更準確但更慢，DPM++ 是基於 DPM 的改良，速度與準確性都有優化，至於 DPM adaptive 則有其自適應的取樣步驟，不過可能會有無法收斂的問題。

　　接著是 Karras 系列，這些方法的特色是都有一個 Karras 的標籤放置在雜訊的排成器中，有著自適應調整去除的雜訊設計，這種做法是一個 NVIDIA 的 Karras 發現的，這研究有發表在 arXiv，可以看到初期雜訊保留的比較多，到中後期大量去除雜訊，這樣生成圖像的品質會更好，也能保有相當的生成速度，如下圖所示。

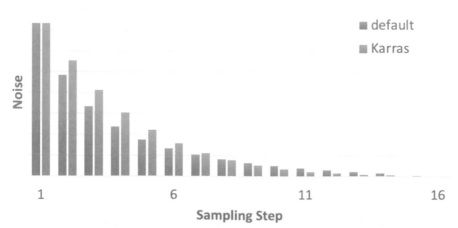

■ 圖 4.10　Karras 的取樣步驟與預設方法的差異。

在 Karras 的方法中，可以發現到說有些方法名稱的最後有 a 的字樣，這個是一種標示，意味著是始祖取樣器 (ancestral samplers)，因其用到了隨機 (stochastic) 取樣的方式，所以這些方法是不會在固定步數內收斂的，不同步驟的取樣結果會一直不斷有新的變化，另外有些其他方法沒有標示 a，但一樣用到了隨機取樣器。

介紹完 k-diffusion 後，我們來看 DDIM (Denoising Diffusion Implicit Model) 及 PLMS (Pseudo Linear Multi-Step method)，這些方法已經沒再更新了，算是比較早期在 Stable Diffusion 中使用的方法，DDIM 是基於 DDPM 的改良方法，而 PLMS 可以視為等價 PNDM (pseudo numerical method for diffusion model)，PLMS 是在 PNDM 演算法中的第二層迴圈所做的事情 (第一層是 PRK)，這我們在 3.1 節有討論過類似的內容。

最後是 UniPC (Unified Predictor-Corrector) ，它是一個在 2023 年推出的新方法，受到 ODE 中的預測校正法 (predictor-corrector method) 啟發，它可以在 5~10 步內產生高品質的圖像。

4.4.4　取樣方法的選擇

這小節我們講些經驗談，看要怎麼選擇會比較好，以結果來說，大多數情況直接用預設的就能取得不錯的效果，預設值可以用 DPM++ 2M Karras 這個方法。

如果想要改成其他的，通常我們會先看效果，不會管它的速度，因為其實也沒慢多少，下面以軟硬體分開判斷。

硬體方面，大部分 3060 以上級別的顯示卡，就能應付大多數情況，如果您是用比較舊款的顯示卡，會有些差距，關鍵是顯存必須要夠，至少 8G 以上，如果預算足夠的情況，可以上到 12G，就能應付大多數情況，下一小節我們會介紹關於改良版的 Automatic1111 介面：Forge，它是一種因應顯存不足的解決方案。

　　軟體方面，如果追求極致的生成速度，選 Euler 相關的，如果要品質，可以試試 Karras 系列或 UniPC，效果都不好再考慮 DDIM，筆者一般先用 Karras 系列，常用 DPM++ 2M Karras 或 DPM++ 2S a Karras，都不好才會換其他的，Euler 其實很少用，等待時間差異不大，筆者自己是用 3080 的顯卡測試，不曉得算不算是課長？正常使用的步驟是設定 20~30，CFG 設定 7~11。

4.4.5　操作工具的選擇

　　目前開源的主流操作工具，有以下幾種，包含：

➢　Fooocus

➢　Automatic1111

➢　ComfyUI

➢　Forge

Automatic1111 就是我們正在介紹的內容，所有介面都是透過它去操作的。

　　Fooocus 也是一套開源的生圖工具，但它的介面比 Automatic1111 簡單很多，也支援以圖生圖和風格套用的功能，參考下圖。

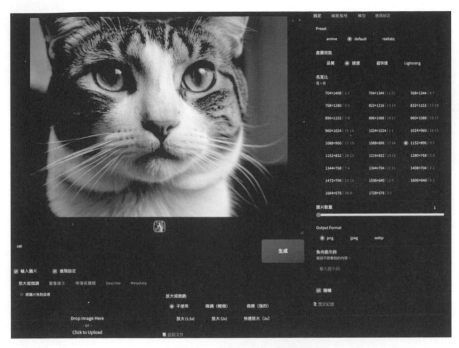

■ 圖 4.11　Fooocus 的介面。

Fooocus 的安裝方法，可以參考：https://github.com/lllyasviel/Fooocus。

ComfyUI 是另外一套開源框架，主要支援工作流，可以讓生圖的步驟自動化執行，參考下圖。

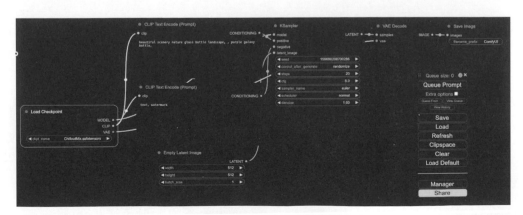

■ 圖 4.12　ComfyUI 的介面。

ComfyUI 的安裝方法，可以參考：https://github.com/comfyanonymous/ComfyUI。

Forge 可以把它視為 Automatic1111 的加強版，這套開源項目是由在 Automatic1111 中的 ControlNet 作者分享的，介面與 Automatic1111 幾乎完全一樣，但它優化了生圖的流程，大約可以讓算圖的速度提升 20% 以上，顯卡越差的話效果會越明顯。

4.4.6 小結

本節我們介紹了生成方法的選項，以及該如何選擇等等分析的問題，包含：主要類別、取樣方法的選擇、及操作工具的選擇，取樣的選擇方法，用 Karras 系列就對了！大部分的問題都能解決，下節我們介紹 SD 模型訓練的相關內容。

4.5 SD 模型訓練

> Stable Diffusion，來訓練模型吧！

4.5.1 提要

- 前言
- 訓練方法介紹
- 訓練 Checkpoint
- 訓練 LoRA 途徑
- 訓練 LoRA 的方式

4.5.2 前言

本節我們介紹 SD 訓練 Checkpoint 相關的內容，本節內容包含：訓練方法介紹、訓練 Checkpoint、訓練 LoRA 途徑、及訓練 LoRA 的方式。

4.5.3 訓練方法介紹

基本上，目前實測上常見的方法都可以在 Hugging Face 上面找到，不過它提供的都是下指令的方式，比較適合專業玩家，全部連結如下所示。

- Unconditional Training:
  https://huggingface.co/docs/diffusers/training/unconditional_training
- Text-to-Image Training:
  https://huggingface.co/docs/diffusers/training/text2image
- Text Inversion:
  https://huggingface.co/docs/diffusers/training/text_inversion

- Dreambooth:

  https://huggingface.co/docs/diffusers/training/dreambooth

- LoRA Support:

  https://huggingface.co/docs/diffusers/training/lora

- ControlNet:

  https://huggingface.co/docs/diffusers/training/controlnet

- InstructPix2Pix:

  https://huggingface.co/docs/diffusers/training/instructpix2pix

- Custom Diffusion:

  https://huggingface.co/docs/diffusers/training/custom_diffusion

- T2I-Adapters:

  https://huggingface.co/docs/diffusers/training/t2i_adapters

　　Unconditional Training 及 Text-to-Image Training，可以理解為圖生圖及文生圖的模型，Textual Inversion 就是詞嵌入 (word embedding)，是關於模型的微調的技術，我們在 3.3 節有探討過相關的內容，DreamBooth 的內容在 3.5 節有討論過，LoRA 的內容則是 3.6 節，ControlNet 及 T2I-Adapter 是 3.8 節，InstructPix2Pix 由於前面沒介紹到，這邊補充一下，這個方法是一種不需要微調模型的一種在擴散階段編輯圖像的一種方法，我們可以將其理解為在生圖階段動態去調整內容，所以不同與前面介紹過的詞嵌入或微調的方法，具體作法是透過一個大型語言模型；例如，GPT-3，加上文字到圖像的模型，以這兩者組合的圖像編輯預訓練數據集進行訓練，就能訓練出具備語言和圖像互補知識的條件擴散模型，可以比較下 在 2.8 節 CLIP 的內容，CLIP 的內容也與 Custom Diffusion 是相關的，歡迎大家回去複習。

4.5.4 訓練 Checkpoint

以下介紹一種訓練 Checkpoint 的方式，我們將細部講解 DreamBooth 插件操作的內容。

透過 URL 安裝完插件後，切換到該介面上。

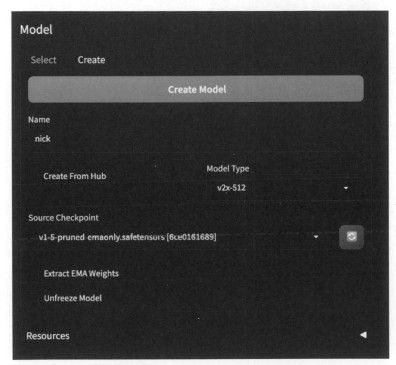

■ 圖 4.13 Dreambooth 操作畫面。

要決定 Name ，這是模型的名稱，Model Type v2x-512，稍後要準備約 10 張左右的 512 x 512 圖片供訓練使用，Source Checkpoint 就選預設模型即可。

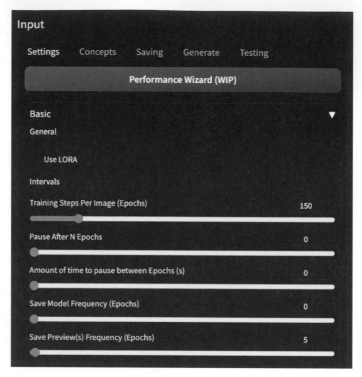

■ 圖 4.14　Dreambooth 操作步驟一。

　　Input 將 Training Steps Per Image 調整成 150，Save Model Frequency 調整為 0。

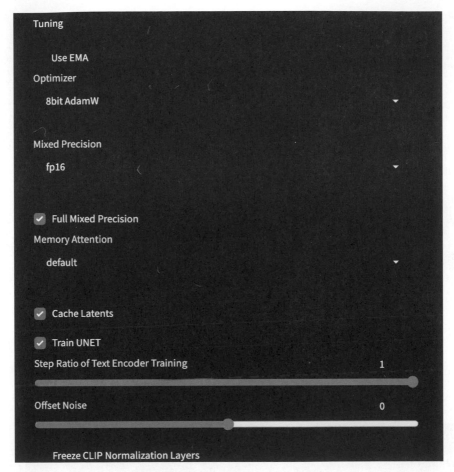

Tuning

Use EMA
Optimizer

8bit AdamW

Mixed Precision

fp16

✔ Full Mixed Precision
Memory Attention

default

✔ Cache Latents

✔ Train UNET
Step Ratio of Text Encoder Training   1

Offset Noise   0

Freeze CLIP Normalization Layers

■ 圖 4.15 Dreambooth 操作步驟二。

Optimizer 選 8bit AdamW，Mixed Precision 選 fp16，Memory Attention 可以的話選 xformers。

Setting 那分頁到這邊就結束了，可以存檔一下。

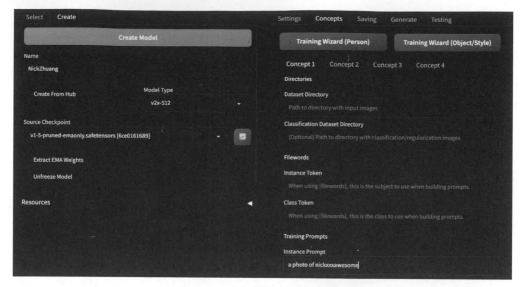

■ 圖 4.16　Dreambooth 操作步驟三。

這裡的 Dataset Directory 要填 10 張圖片所在的目錄，Instance Prompt 可以看到筆者這邊輸入為：a photo of nickxxxawesome，注意到 nickxxxawesome 是要找一個唯一的 token 供模型辨識所用。

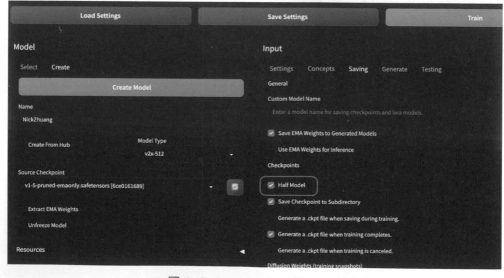

■ 圖 4.17　Dreambooth 操作步驟四。

Half Model 可以減少模型大小，表現也不會差很多，可以試試看。

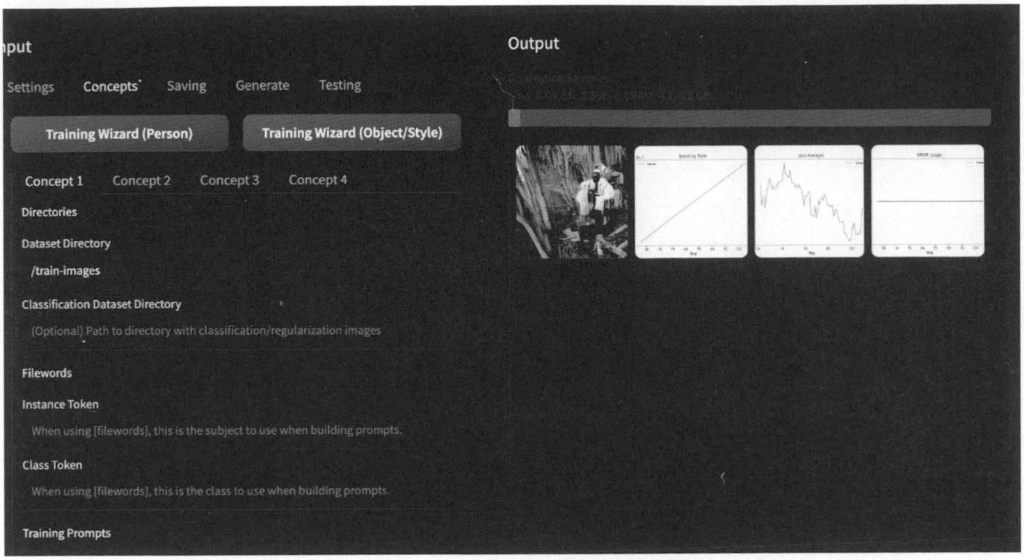

■ 圖 4.18 Dreambooth 訓練階段。

到這裡就是訓練階段了，以 GTX 4090 訓練約 15 分鐘內可以完成，就微調模型來說還蠻快的，完成後只要到文生圖介面，載入你訓練的 Checkpoint，並輸入關鍵字 nickxxxawesome，就會出現我的照片。

介紹到這就結束了，若有問題可以到 DreamBooth 的 Github 找尋解答，或是開 issue 諮詢作者，另一種訓練 Checkpoint 的方式可以參考 kohya_ss 的方式。

4.5.5 訓練 LoRA 途徑

由於 Stable Diffusion 本身的使用者介面 (User Interface, UI) 並沒有提供相關的功能，以目前常見的方法來說，有兩種方式可以達到：

1. Kohya SS(選我！我最簡單！)

2. 自己寫 Python 訓練以 Pytorch 為基底的模型 (想挑戰的歡迎光臨)

有鑑於此，我們必須借助 Kohya_ss 的介面操作，進而訓練出我們想用的 LoRA。

以下介紹如何安裝：

登入到測試機操作，筆者以 Linux based 主機示範。

```
sudo docker run --gpus 1 -p 8180:8180 --name trainLoRA -it nvcr.io/
nvidia/cuda:11.8.0-devel-ubuntu22.04 bash
```

意味著啟動一個 container 並用於 kohya ss 的安裝。

以下皆在 container 內操作。

```
apt update
apt install python3-venv
apt install python3-pip
apt install git
git clone https://github.com/bmaltais/kohya_ss.git
cd kohya_ss
apt install python3-tk
```

安裝 python tk 的時候要設置時區：

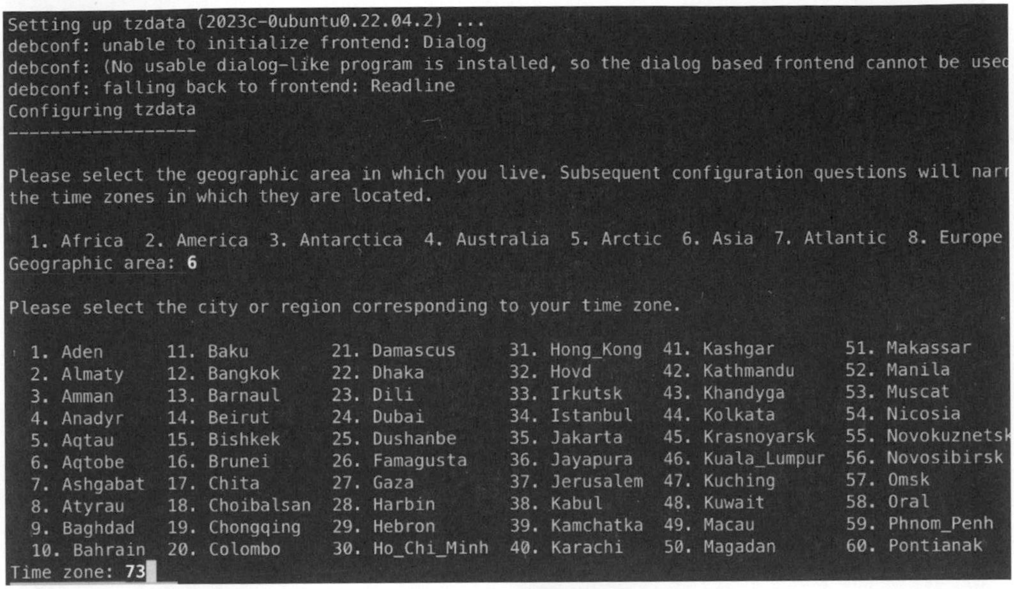

```
Setting up tzdata (2023c-0ubuntu0.22.04.2) ...
debconf: unable to initialize frontend: Dialog
debconf: (No usable dialog-like program is installed, so the dialog based frontend cannot be used
debconf: falling back to frontend: Readline
Configuring tzdata
------------------

Please select the geographic area in which you live. Subsequent configuration questions will narr
the time zones in which they are located.

  1. Africa  2. America  3. Antarctica  4. Australia  5. Arctic  6. Asia  7. Atlantic  8. Europe
Geographic area: 6

Please select the city or region corresponding to your time zone.

  1. Aden        11. Baku         21. Damascus     31. Hong_Kong    41. Kashgar      51. Makassar
  2. Almaty      12. Bangkok      22. Dhaka        32. Hovd         42. Kathmandu    52. Manila
  3. Amman       13. Barnaul      23. Dili         33. Irkutsk      43. Khandyga     53. Muscat
  4. Anadyr      14. Beirut       24. Dubai        34. Istanbul     44. Kolkata      54. Nicosia
  5. Aqtau       15. Bishkek      25. Dushanbe     35. Jakarta      45. Krasnoyarsk  55. Novokuznetsk
  6. Aqtobe      16. Brunei       26. Famagusta    36. Jayapura     46. Kuala_Lumpur 56. Novosibirsk
  7. Ashgabat    17. Chita        27. Gaza         37. Jerusalem    47. Kuching      57. Omsk
  8. Atyrau      18. Choibalsan   28. Harbin       38. Kabul        48. Kuwait       58. Oral
  9. Baghdad     19. Chongqing    29. Hebron       39. Kamchatka    49. Macau        59. Phnom_Penh
 10. Bahrain     20. Colombo      30. Ho_Chi_Minh  40. Karachi      50. Magadan      60. Pontianak
Time zone: 73
```

■ 圖 4.19 設置時區。

選 6 和 73，接著往下。

```
cp /usr/bin/python3 /usr/bin/python
chmod +x setup.sh
./setup.sh
```

這個時候會要等比較久，因為在安裝 Pytorch 及相關套件，通常 AI Framework 的檔案都比較大，動輒 5、6G 起跳，請耐心等候。

另外安裝的時候，因為預設不是 verbose 模式，所以不會有太多命令行的輸出，實乃正常現象，不用緊張。

```
INFO     Installing modules from requirements_linux.txt...
INFO     Installing package: torch==2.0.1+cu118 torchvision==0.15.2+cu118 --extra-index-url https
INFO     Installing package: xformers==0.0.21 bitsandbytes==0.41.1
INFO     Installing package: tensorboard==2.14.1 tensorflow==2.14.0
INFO     Installing modules from requirements.txt...
INFO     Installing package: accelerate==0.23.0
INFO     Installing package: aiofiles==23.2.1
INFO     Installing package: altair==4.2.2
INFO     Installing package: dadaptation==3.1
INFO     Installing package: diffusers[torch]==0.21.4
INFO     Installing package: easygui==0.98.3
INFO     Installing package: einops==0.6.0
INFO     Installing package: fairscale==0.4.13
INFO     Installing package: ftfy==6.1.1
INFO     Installing package: gradio==3.36.1
INFO     Installing package: huggingface-hub==0.15.1
INFO     Installing package: invisible-watermark==0.2.0
INFO     Installing package: lion-pytorch==0.0.6
INFO     Installing package: lycoris_lora==1.9.0
INFO     Installing package: onnx==1.14.1
INFO     Installing package: onnxruntime-gpu==1.16.0
INFO     Installing package: protobuf==3.20.3
INFO     Installing package: open-clip-torch==2.20.0
INFO     Installing package: opencv-python==4.7.0.68
INFO     Installing package: prodigyopt==1.0
INFO     Installing package: pytorch-lightning==1.9.0
```

■ 圖 4.20　安裝的 pip 套件。

最後輸入以下指令啟動，這會開啟在本地的：

```
./gui.sh --server_port 8180 --listen 0.0.0.0 --headless
```

```
root@ffd5d71de0a3:/kohya_ss# ./gui.sh --server_port 8180 --listen 0.0.0.0 --headless
venv folder does not exist. Not activating...
20:51:08-124375 INFO     Version: v22.1.0
20:51:08-144774 INFO     nVidia toolkit detected
20:51:09-035602 INFO     Torch 2.0.1+cu118
20:51:09-495638 INFO     Torch backend: nVidia CUDA 11.8 cuDNN 8700
20:51:09-508211 INFO     Torch detected GPU: NVIDIA GeForce RTX 4090 VRAM 24217 Arch (8, 9) Cores 128
20:51:09-509816 INFO     Verifying modules installation status from /kohya_ss/requirements_linux.txt...
20:51:09-513036 INFO     Verifying modules installation status from requirements.txt...
20:51:11-227212 INFO     headless: True
20:51:11-230983 INFO     Load CSS...
Running on local URL:  http://0.0.0.0:8180

To create a public link, set `share=True` in `launch()`.
```

■ 圖 4.21　啟動腳本。

4.5.6　LoRA 的訓練

啟動後，介面如下圖。

■ 圖 4.22 LoRA 的訓練介面。

可以注意到它的介面與 Stable Diffusion UI 類似,都是用 Gradio 相關套件去開發的。這個工具也可以訓練其他種類的網路,像是 DreamBooth,如 3.5 節所示。

回到 Stable Diffusion WebUI,需要安裝 additional networks 的插件。

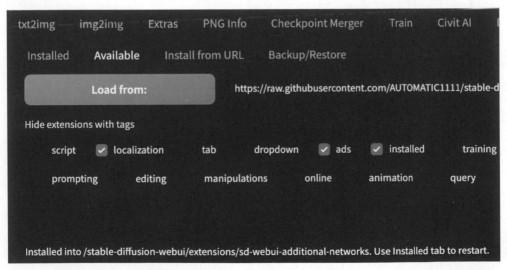

■ 圖 4.23 additional networks 的安裝。

安裝好後重啟 UI,接著進到 Train → Preprocess images。

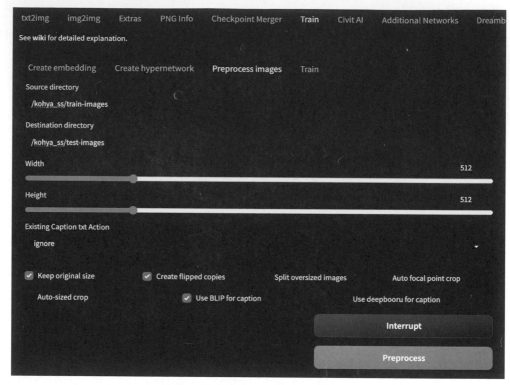

■ 圖 4.24 訓練 LoRA 的前處理步驟。

設定 directory 的位置、及勾選對應選項，點擊 Preprocess，好了會顯示 Preprocessing finished。

```
root@ubuntu20node0101:/kohya_ss/test-images# ls
'00000-0-2023-10-11 21.54.52.png'  '00003-1-2023-10-11 21.55.21.png'  '00007-0-2023-10-11 21.55.41.png'  '00010-1-2023-10-11 21.55.51.png'
'00000-0-2023-10-11 21.54.52.txt'  '00003-1-2023-10-11 21.55.21.txt'  '00007-0-2023-10-11 21.55.41.txt'  '00010-1-2023-10-11 21.55.51.txt'
'00000-1-2023-10-11 21.54.52.png'  '00004-0-2023-10-11 21.55.24.png'  '00007-1-2023-10-11 21.55.41.png'  '00011-0-2023-10-11 21.56.02.png'
'00000-1-2023-10-11 21.54.52.txt'  '00004-0-2023-10-11 21.55.24.txt'  '00007-1-2023-10-11 21.55.41.txt'  '00011-0-2023-10-11 21.56.02.txt'
'00001-0-2023-10-11 21.55.13.png'  '00004-1-2023-10-11 21.55.24.png'  '00008-0-2023-10-11 21.55.44.png'  '00011-1-2023-10-11 21.56.02.png'
'00001-0-2023-10-11 21.55.13.txt'  '00004-1-2023-10-11 21.55.24.txt'  '00008-0-2023-10-11 21.55.44.txt'  '00011-1-2023-10-11 21.56.02.txt'
'00001-1-2023-10-11 21.55.13.png'  '00005-0-2023-10-11 21.55.28.png'  '00008-1-2023-10-11 21.55.44.png'  '00012-0-2023-10-11 21.56.04.png'
'00001-1-2023-10-11 21.55.13.txt'  '00005-0-2023-10-11 21.55.28.txt'  '00008-1-2023-10-11 21.55.44.txt'  '00012-0-2023-10-11 21.56.04.txt'
'00002-0-2023-10-11 21.55.18.png'  '00005-1-2023-10-11 21.55.28.png'  '00009-0-2023-10-11 21.55.48.png'  '00012-1-2023-10-11 21.56.04.png'
'00002-0-2023-10-11 21.55.18.txt'  '00005-1-2023-10-11 21.55.28.txt'  '00009-0-2023-10-11 21.55.48.txt'  '00012-1-2023-10-11 21.56.04.txt'
'00002-1-2023-10-11 21.55.18.png'  '00006-0-2023-10-11 21.55.37.png'  '00009-1-2023-10-11 21.55.48.png'   image
'00002-1-2023-10-11 21.55.18.txt'  '00006-0-2023-10-11 21.55.37.txt'  '00009-1-2023-10-11 21.55.48.txt'   log
'00003-0-2023-10-11 21.55.21.png'  '00006-1-2023-10-11 21.55.37.png'  '00010-0-2023-10-11 21.55.51.png'   model
'00003-0-2023-10-11 21.55.21.txt'  '00006-1-2023-10-11 21.55.37.txt'  '00010-0-2023-10-11 21.55.51.txt'
```

■ 圖 4.25 前處理後的文字圖片對照。

可以看到每張圖片有多出對應的 txt 檔案。

回到 kohya ss UI，到 LoRA → Training。

■ 圖 4.26 訓練 LoRA 的設定。

設定路徑及模型名稱，模型名稱不能空格，用下滑線連接。

Prameters 的 Training Batch Size 及 Epoch 都調 2，怕顯存不夠都調 1 即可。

Network Rank (Dimension) 及 Network Alpha 都調 128，這樣的 LoRA 生成效果會更細緻，不過檔案也更大。

好了點擊 Training 即可，這要一點時間，後面就是看 LoRA 效果反覆調適的過程，祝大家好運！

4.5.7 小結

本節我們介紹了關於 SD 訓練 Checkpoint 的內容；例如，訓練方法介紹、及訓練 Checkpoint 和 LoRA 的方法。

4.6 評估 SD 模型的方法

來看看評估 SD 模型的新花樣！

4.6.1　提要

- 前言
- 評估指標一覽
- FLS 介紹
- CMMD 介紹

4.6.2　前言

　　這節我們介紹關於擴散模型的評估指標；例如，FID、IS、Precision、Recall、AuthPct、C_t Score、及 FLS，每種不同的評估指標都有其侷限性，本節內容包含：評估指標一覽、FLS 的特色。

4.6.3　評估指標一覽

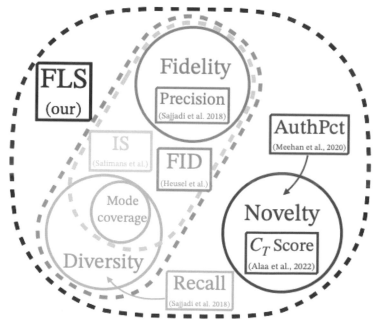

■ 圖 4.27　FLS 與其他方法的比較。

參考上圖，除了 FLS 之外，其他的像是 FID (Fréchet Inception Distance) 是目前很常見的主流評估指標，它可以協助評估生成圖像的品質，涵蓋了還原度 (Fidelity) 及多樣性 (Diversity)，IS (Inception Score) 也具有類似的功能，至於 Precision 則偏向還原度，而 Recall 則偏向多樣性。另外關於新穎性 (Novelty) 方面，AuthPct、C_t Score 都是目前可以參考的評估方式。

4.6.4 FLS 介紹

FLS 是一個兼具三者評估指標的一種新研究，以目前的情況來說，它比常見的 FID 來說，它解決了以往評估指標無法判斷模型過擬合及記憶行為的問題，能夠更全面性地評估擴散模型的優劣，程式碼可以參考：https://github.com/marcojira/fld。

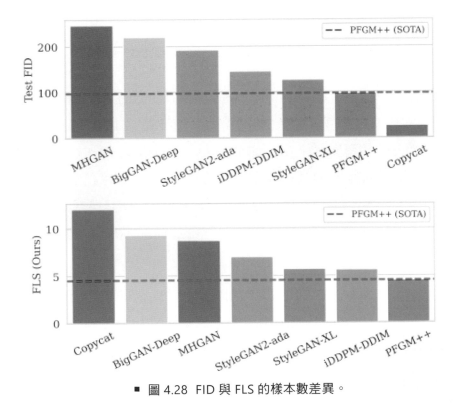

■ 圖 4.28 FID 與 FLS 的樣本數差異。

　　參考上圖，展示了在不同模型訓練後，跑 Inference 計算出來的 FID 分數及 FLS 分數，可以看到 FLS 的分數比 FID 低很多，這兩個分數判斷的方式是一樣的，也就是越低代表越好，表示測試樣本與訓練樣本越接近，這將有助於實際評估時的計算簡化。

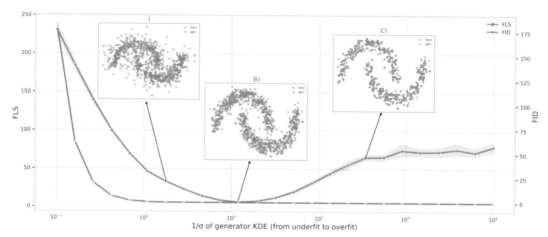

■ 圖 4.29　FID 與 FLS 從欠擬合到過擬合的曲線變化。

　　上圖展示了在不同的訓練階段，FLS 與 FID 對於測試數據的擬合程度變化，橘色線代表 FID，藍色線代表 FLS，可以看到在 A 階段，是一個欠擬合的狀態，兩者在核密度估計 (Kernel Density Estimation, KDE) 都一樣分散，B 階段是擬合的狀態，通常模型訓練到這邊是最好，才好保證生成的泛化性，關鍵是 C 階段，可以看到 FID 在個這階段不適用，明明是過擬合但分數卻變高了，反觀 FLS 一樣保持很低，代表其不受過擬合的狀態影響其評估的有效性。

　　其實這張圖跟我們在訓練模型的損失函數曲線圖很像，可以把橘色線視為訓練集的損失函數曲線，藍色線視為驗證集的損失函數曲線，而在兩者最接近的時候，我們會讓模型終止訓練，以獲取最佳的泛化性模型。

4.6.5 CMMD 介紹

另外還有一個由 Google Research 提出的新指標，就是 CMMD (CLIP-MMD, Maximum Mean Discrepancy)，它是基於更豐富的 CLIP 嵌入和高斯 RBF 核的最大平均差異的距離作為衡量標準。相較於 FID 來說，提供了更穩健和可靠的影像品質評估，程式碼可以在此得到：https://github.com/google-research/google-research/tree/master/cmmd。

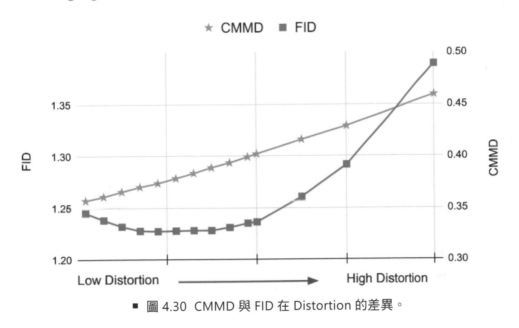

■ 圖 4.30 CMMD 與 FID 在 Distortion 的差異。

參考上圖，可以看到在圖像解析度變得越來越差的時候，CMMD 穩定上升，可以正確辨識影像品質隨失真增加而下降的情況，但 FID 在後面是不正確的，代表這個指標在低解析度的圖像判斷會失準。

接著我們使用高解析度的圖像來測試，以「The Parthenon」作為提示詞，在不同的步驟生成的圖像，由左至右可以看到解析度變高，如下圖所示。

(a) Step 1　　　　　(b) Step 3　　　　　(c) Step 6　　　　　(d) Step 8

■ 圖 4.31　Muse refinement iteration 的圖像。

在 Refinement Iteration 的情境，兩者比較的差異，如下圖所示。

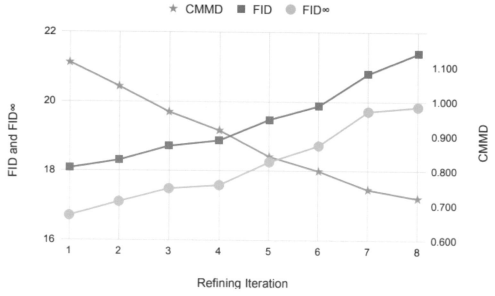

■ 圖 4.32　CMMD 與 FID 在 Muse 步驟的行為。

可以看到 CMMD 的曲線持續下降，代表有正確辨識對影像所做的迭代改進。 FID 相關的曲線都顯示隨著迭代的進行影像品質會下降，這是有問題的。

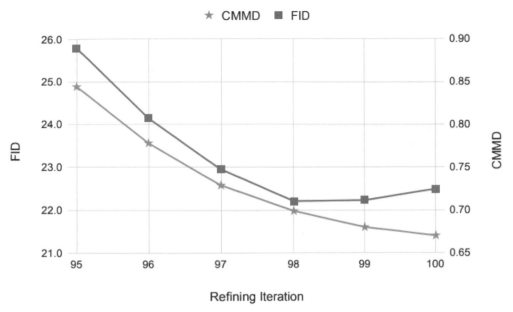

■ 圖 4.33 CMMD 與 FID 在 Stable Diffusion 步驟的行為。

參考上圖，CMMD 持續下降，反映了影像的改進。FID 的行為並不一致，它錯誤地表明最後兩次迭代的品質有所下降。這張圖反應的事實與上一節的 FLS 的最後一張圖殊途同歸！

4.6.6 小結

本節我們回顧了過往的擴散模型評估指標；例如，IS、FID，並介紹了兩項新研究的指標，包含：FLS、CMMD，FLS 具有可以很好地表示各個方面的優點，至於 CMMD 針對 FID 做了詳細的比較並優化，兩者都有程式碼可以使用，推薦讓大家試試，可以依照其提供的標準評估我們要用的擴散模型，下節會介紹模型公開下載區的相關內容。

4.7 SD 模型下載站介紹

Stable Diffusion，到哪下載現成的模型呢？

4.7.1 提要

- 前言
- Civitai
- HuggingFace
- 同場加映

4.7.2 前言

本節我們會介紹可以下載 Stable Diffusion 用到的模型網站；例如，Civitai、HuggingFace。

前情提要，無論是哪邊下載的，要注意最近出的 SD XL，要使用對應的 LoRA 才會生效。

4.7.3 Civitai

這是一個可以下載主 Model 的地方，以 Checkpoints 為主，還有一些 LoRA，當然也可以找到別的種類，我們前面有介紹過除了主要風格的 checkpoint 之外，還可以透過 DreamBooth 重新生成新的 checkpoint，或是用比較節省資源的方式，自行下載或創建 LoRA、Embedding、Hypernetwork 等等。

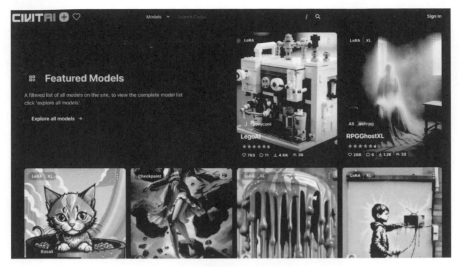

■ 圖 4.34 Civitai。

點選 Explore all models 後，可以看到上面有各式各樣的模型，這邊簡單幫大家整理下分類：

1. STYLE：風格導向，像是動漫風、寫實風、裡面有各種風格。

2. CLOTHING：服裝相關，卡通人物或是寫實人物都有。

3. BASE MODEL：這裡就是 Checkpoint，下載好後，在 SD 的主頁面上的左上角可以選擇。

4. POSES：這是跟姿勢相關的，可以用來調整生成人物的姿勢，維持固定，這在後面會介紹。

5. BACKGROUND：背景相關的，以 LoRA 為主，可以套用對應的模組快速抽換背景。

6. TOOL：有些新出的 Extensions 會放在這，插件相關的內容下節會開講。

7. BUILDING：建築物相關，如果要做場景抽換的可以考慮。

其他種類或詳細內容就自行探索，有些種類的選擇比較少，就先跳過了，
網頁上可以選擇要顯示的種類，搭配過濾器篩選顯示即可。

4.7.4　HuggingFace

這是一個很不錯的網站，它有把一些關於基本使用及訓練 LoRA 的相關
概念及方式整理在上面，可以參照服用。

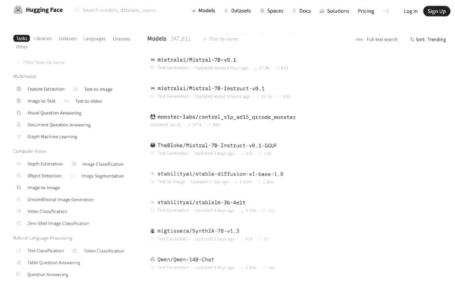

■ 圖 4.35　Hugging Face。

可以看到左邊有各種類別的標籤，它這個模型並不限於生成圖像而已，
生成文字的也有，還有其他種類等等，至於 Civitai 是以圖像生成為主，高度
綁定 Stable Diffusion。

4.7.5　同場加映

還有一個網站可以參考的是大陸目前最大的生成圖像平台：海藝，上面
也有很多資源可以參考，如下圖。

■ 圖 4.36 SeaArt。

可以看到也有各種不同的風格，像是 Cyperpuck、Animation Style 等等，若是看到有自己想嘗試的 LoRA 或 Checkpoint 也可以下載試試。

4.7.6 小結

本節我們介紹了 Civitai、HuggingFace、SeaArt 相關的內容，下節會介紹 SD 工具相關的好用插件。

4.8 SD 生成模式介紹與使用之一

Stable Diffusion，推薦插件之一！

4.8.1 提要

● 前言

- Image Browsing

- Prompt all in one

- Translation

4.8.2　前言

本節我們介紹 Stable Diffusion 插件相關的內容，本節會先介紹三個，內容包含：Image Browsing、Prompt all in one、及 Translation。

4.8.3　Image Browsing

Image Browsing 是瀏覽圖片用的，它會幫忙把生成的圖片整理起來，可以縮圖預覽、快速查找、及以巡訪的方式檢視，會羅列一些圖片生成時用的 prompt、及其他一些小細節，要批量下載圖片也是可以的，非常方便，以下介紹安裝及使用方式。

➤ 安裝

切換到 Extension 的分頁，然後在 Install from URL 貼上

https://github.com/zanllp/sd-webui-infinite-image-browsing

點擊 Install，然後切換到 Installed 的分頁，按下 Apply and restart UI。

➢ 使用方式

■ 圖 4.37 Image Browsing 介面。

這是安裝好後的介面總覽,「Walk 模式」是巡訪圖片用的、「快速移動」是會幫你顯示數據夾、「啟動」是 Global 的功能,像是:快速查找圖片、批量下載等等。

■ 圖 4.38 Image Browsing 的 walk 功能。

這是使用 walk 文生圖的功能顯示的畫面,可以看到有縮圖檢視,以及從單張圖去檢視該圖所使用的 prompt、解析度、使用的 Model、及其他細部設定。

4.8.4　Prompt all in one

　　Prompt all in one 這個插件是用在提示詞 (prompt) 使用的，它有各種維度的提示可以直接點選，選了後就自動幫你把對應字填到 prompt 的框內，無論是 Positive 或是 Negative 都可以。

➤　安裝

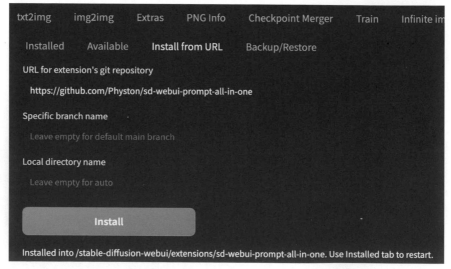

■ 圖 4.39　Prompt all in one 安裝。

切換到 Extension 的分頁，然後在 Install from URL 貼上：

https://github.com/Physton/sd-webui-prompt-all-in-one

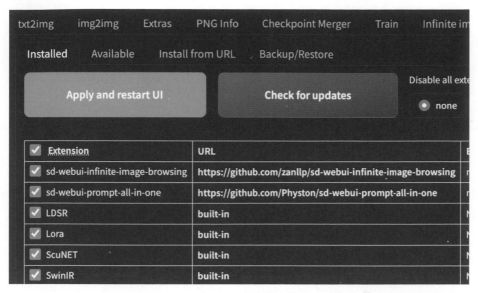

■ 圖 4.40　重啟服務。

點擊 Install，然後切換到 Installed 的分頁，按下 Apply and restart UI。

➢ **使用方式**

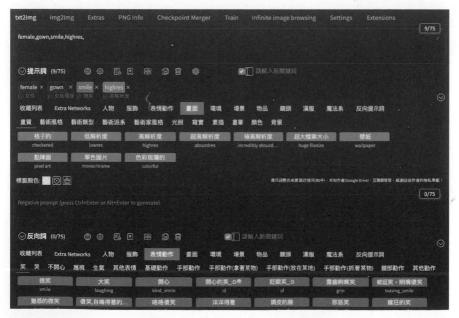

■ 圖 4.41　Prompt all in one 介面。

可以看到有大類別可以供選擇，像是：人物、服飾、表情動作、畫面、...，
非常多 XD，小類別在點選定大類別後會出現選項，點擊就能把這些標籤放
到介面上，並同步幫你把提示詞放上去。

4.8.5 Translation

最後一個就是翻譯的插件啦！一開始用的時候專有名詞非常多，很容易
看到頭昏眼花，為了避免語言障礙影響到我們的使用，因此有好的翻譯插件
非常重要。

➢ 安裝

切換到 Extension 的分頁，然後在 Install from URL 貼上：

https://github.com/hanamizuki-ai/stable-diffusion-webui-localization-zh_Hans

點擊 Install，然後切換到 Installed 的分頁，按下 Apply and restart UI。

接下來這步驟要注意一下：

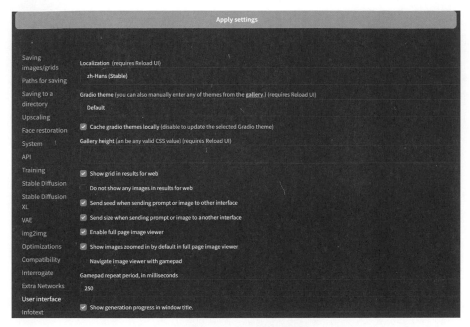

■ 圖 4.42 SD 設定語系。

這邊是要在 restart UI 後，切換到 Settings → User interface → Localization，將語系選擇 zh-Hans，它預設是簡體中文的，所以如果要用繁體版的話，可以將 /stable-diffusion-webui/extensions/stable-diffusion-webui-localization-zh_Hans/localizations/ 這個路徑底下的 json 檔修改即可。

或是參考繁體中文版本的連結：https://github.com/benlisquare/stable-diffusion-webui-localization-zh_TW。

4.8.6 小結

本節我們介紹了關於 Stable Diffusion 基礎插件的內容；例如，Image Browsing、Prompt all in one、及 Translation，下節會介紹 Stable Diffusion 進階插件的內容。

4.9 SD 生成模式介紹與使用之二

Stable Diffusion，推薦插件之二！

4.9.1 提要

● 前言
● ControlNet
● After Detailer
● Civitai Browser Plus

4.9.2 前言

本節我們介紹 SD 進階插件相關的內容，本節內容包含：ControlNet、After Detailer、及 Civitai Browser Plus。

4.9.3 ControlNet

這個插件是控制邊緣、手勢、姿勢用的插件，我們可以透過其中的設定去調整生成人物的姿態。這個插件可以從 Extension 直接裝，不過其中用到的 model 要另外下載，主插件 URL 如下：

https://github.com/Mikubill/sd-webui-controlnet.git

至於 model 要到 HuggingFace 下載：

https://huggingface.co/lllyasviel/ControlNet-v1-1

只要 pth 的檔案就夠了，不過因為檔案很多，這裡提供一個比較方便的方法，一次下載全部。

首先要安裝 git lfs 套件，然後再 clone。

```
sudo apt-get install git-lfsgit lfs clone https://huggingface.co/ll-
lyasviel/ControlNet-v1-1
```

這樣就全部下載下來了，然後要放到 /Stable Diffusion/novelai-webui-aki-v3/extensions/sd-webui-controlnet/models 的資料夾底下。

完成後重啟 UI 就能看到操作介面，如下圖。

■ 圖 4.43　ControlNet 操作介面。

4.9.4　After Detailer

這是一款增加繪圖細節的插件，也可以透過 URL 去安裝，安裝好後可以在生圖的介面上操作。

■ 圖 4.44　ADetailer 操作介面。

　　它也可以輸入自己想加入的 prompt，其他參數先用預設就可以，有需要再自行調整。

4.9.5　Civitai Browser Plus

　　這個插件可以在 Extension 分頁中的 Download 的下載列表中找到，可以透過介面直接安裝，然後重新載入 UI 即可，非常方便，要看 civitai 的內容就不用刻意切換到網頁上，可以專注在 SD 的操作介面上。

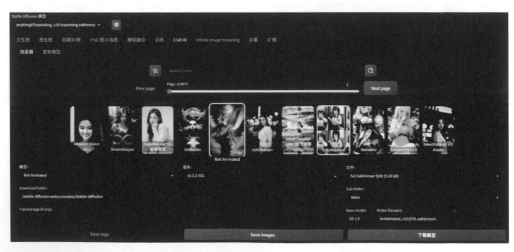

■ 圖 4.45　Civitai Browser Plus 介面。

最後我們結合這三個插件來一次操作：

1. 先從 civitai 下載二次元的模型：anythingV5Inpainting_v10-
   inpainting。

2. 切換至圖生圖，到 ControlNet 那操作。

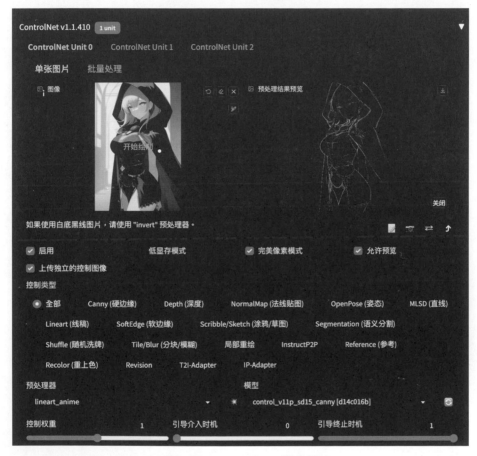

■ 圖 4.46　ControlNet 操作設定。

按照上圖操作，即可描繪邊緣，這邊筆者要測試邊緣重繪的功能。

3. 所有設定完成，就按生圖。

■ 圖 4.47　新舊圖的差異。

原圖在左，新圖在右，多了一股朦朧美，可能模糊條太多了囧。

4.9.6　小結

本節我們介紹了關於 SD 進階插件的內容；例如，ControlNet、After Detailer、及 Civitai Browser Plus，下節會介紹 SD 的進階功能。

4.10 SD 生成模式介紹與使用之進階功能

Stable Diffusion，來介紹進階操作！

4.10.1 提要

- 前言
- 套件匯總
- 安裝
- 使用方式

4.10.2 前言

本節我們介紹 SD 的進階使用技巧，本節內容包含：套件匯總、安裝、及使用方式。

4.10.3 套件匯總

先將重點套件做個介紹：

- Openpose editor：這是編輯 ControlNet 姿勢用的插件，2D。

- 3D Openpose editor：這是編輯 ControlNet 姿勢用的插件，3D。

- Depth Library：這是控制手勢相關的，可以看作姿勢底下細微的調整使用。

- Tag Complete：提示詞補全。

- LLuL：提升局部繪圖細節。

- 動態 CFG：讓 CFG 設定可以動態，避免直接調太高生圖異常。

4.10.4　安裝

複製對應的 URL 安裝即可：

Openpose editor：https://github.com/fkunn1326/openpose-editor.git3D

Openpose editor：https://github.com/nonnonstop/sd-webui-3d-open-pose-editor.git

Depth Library：https://github.com/jexom/sd-webui-depth-lib.git

Tag Complete：https://github.com/DominikDoom/a1111-sd-webui-tagcomplete

LLuL：https://github.com/hnmr293/sd-webui-llul

動態 CFG：github.com/mcmonkeyprojects/sd-dynamic-thresholding

4.10.5　使用方式

我們將技巧設定權結合起來，先看下安裝完的結果：

Open Pose：

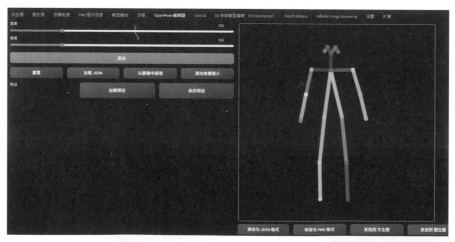

■　圖 4.48　Open Pose。

3D Open Pose：

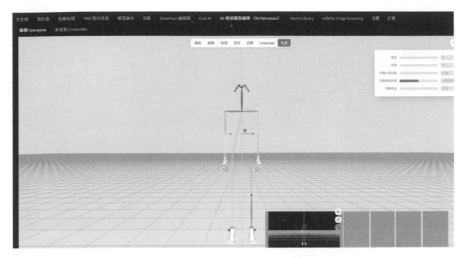

■ 圖 4.49 3D Open Pose。

Depth Library：

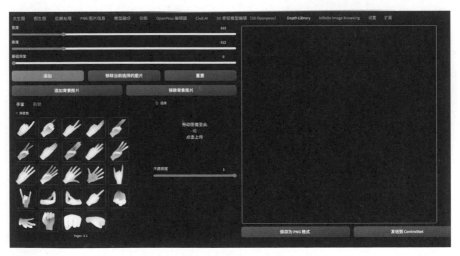

■ 圖 4.50 Depth Library。

Tag Complete：

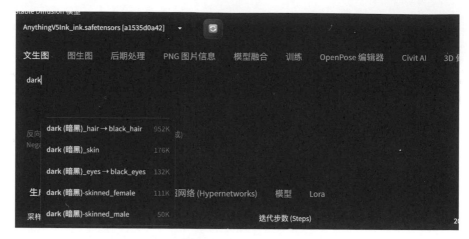

■ 圖 4.51　Tag Complete。

最後將技巧合併一起，能生成高品質二次元圖：

■ 圖 4.52　二次元成品圖。

使用的 Prompt：

正面提示詞：8k, masterpiece,a woman in a black outfit with a hood, looking at viewer, standing in a hallway, Constance Copeman, darkness, a character portrait, rococo <lora:neg4all_bdsqlsz_V3.5:1>

負面提示詞：easynegative

Steps: 30, Sampler: DPM++ 2M Karras, CFG scale: 11, Seed: 3773110473, Size: 512x768, Model hash: a1535d0a42, Model: AnythingV5Ink_ink, Denoising strength: 0.7, ADetailer model: face_yolov8n.pt, ADetailer confidence: 0.3, ADetailer dilate/erode: 4, ADetailer mask blur: 4, ADetailer denoising strength: 0.4, ADetailer inpaint only masked: True, ADetailer inpaint padding: 32, ADetailer version: 23.9.3, ControlNet 0: "Module: none, Model: None, Weight: 1, Resize Mode: Crop and Resize, Low Vram: False, Guidance Start: 0, Guidance End: 1, Pixel Perfect: False, Control Mode: Balanced", LLuL Enabled: True, LLuL Multiply: 2, LLuL Weight: 0.15, LLuL Layers: ['OUT'], LLuL Apply to: ['out'], LLuL Start steps: 5, LLuL Max steps: 30, LLuL Upscaler: bilinear, LLuL Downscaler: bilinear, LLuL Interpolation: lerp, LLuL x: 128, LLuL y: 192, Hires upscale: 2, Hires upscaler: Latent, Lora hashes: "neg4all_bdsqlsz_V3.5: b1b5db66e2f6", TI hashes: "easynegative: c74b4e810b03", Version: v1.6.0

　　生圖的時候，可以搭配 Image Browsing 使用，有隨機到好的圖片，可以從中將其直接把 prompt 傳到文生圖修改，如下圖：

■ 圖 4.53　Image Browsing 的文生圖修改。

4.10.6　小結

本節我們介紹了關於進階使用 SD 的內容；例如，套件匯總、安裝、及使用方式，下節會介紹 ControlNet 的應用。

4.11　ControlNet 應用

ControlNet 還能做哪些事呢？

4.11.1　提要

● 前言

● 場景應用

4.11.2　前言

本節我們探討 SD 中的 ControlNet 與其他元件的組合應用，包含：模特換衣、商品情境、室內改造、及圖像一致。

4.11.3　場景應用

模特換衣的部分，我們先來試試找一張高品質圖像，然後修改其衣著的位置，給定原圖如下。

■ 圖 4.54 AI 模特原圖。

接著進入圖生圖的介面，進行以下基本設定，輸入對應的提示詞，這邊補充一個小東西，右上方有個 Clip 跳過層的設定，這個功能是近期添加的，可以透過調高這個參數讓圖像生成有更多的變化，Clip Skip 是一種能夠提升穩定擴散生成圖像質量的技術。透過跳過部分 Transformer 層，Clip Skip 可以獲得更好的嵌入向量，從而生成更真實、細緻的圖像，不過這目前只能用在 SD 1.5 的延伸模型，參考下圖。

■ 圖 4.55　圖生圖基本設定。

切換到局部重繪的位置，這邊有套用翻譯，原文是 Inpaint，參考下圖。

■ 圖 4.56　圖生圖局部重繪設定。

接著將原圖以畫筆將要換掉的位置塗滿，參考下圖。

■ 圖 4.57　局部重繪的操作。

生圖的基本參數，大部分套用預設值即可，遮罩內容要是原圖，且取樣步驟改成 30，取樣方法用 DPM++ 2M Karras，參考下圖。

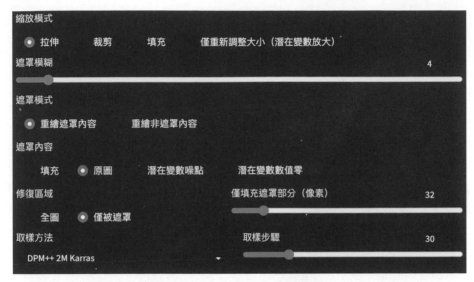

■ 圖 4.58 生圖基本參數配置。

再來是圖像生成的尺寸及繪製的相關設置，寬度設定 768，高度設定512，產生批次調成 5，這樣每次就能生 5 張，再挑自己喜歡的，重繪幅度改為 0.6，參考下圖。

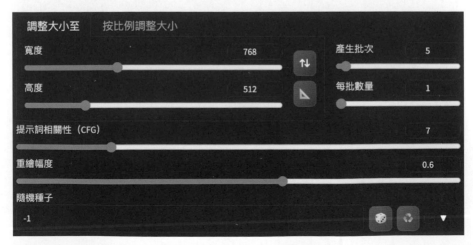

■ 圖 4.59 圖生圖尺寸及繪製設定。

　　然後是 ControlNet 的設定，這邊的設定蠻重要的，第一個單位 0 要設定啟動，勾選完美像素，以獲得更好的生成圖像品質，Control Type 選擇所有，選擇預處理器 openpose 及其對應的 control model，這裡是為了要保持原來模特的姿勢，並以這樣為基準去把塗白的地方換成新的內容，Control Mode 選擇平衡即可，如下圖所示。

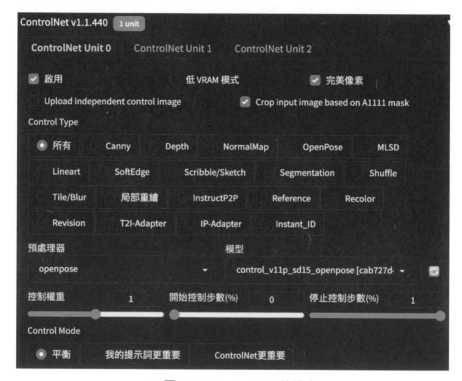

■ 圖 4.60 ControlNet 的設定。

　　最後模特就能換衣了！結果如下圖，並附上提示詞相關的完整訊息。

(black intricate dress:1.5), rococo style,
(masterpiece, top quality, best quality), extreme detailed, highest detailed
Negative prompt: EasyNegative
Steps: 30, Sampler: DPM++ 2M Karras, CFG scale: 7, Seed: 4160663667, Size: 768x512, Model
hash: 2b6738527a, Model: anyorangemixAnything_mint, Denoising strength: 0.6, Mask blur:
4, ControlNet 0: "Module: openpose, Model: control_v11p_sd15_openpose [cab727d4],
Weight: 1, Resize Mode: Crop and Resize, Low Vram: False, Processor Res: 512, Guidance
Start: 0, Guidance End: 1, Pixel Perfect: True, Control Mode: Balanced, Hr Option: Both, Save
Detected Map: True", TI hashes: "EasyNegative: c74b4e810b03", Version: v1.7.0

■ 圖 4.61 換衣的模特。

如果想要讓衣服固定，可以將衣服搭配人物去訓練以生成 LoRA，就可以套用不同角度的衣服。

商品情境的部分，我們先用一張實際沙發的照片來示範，參考下圖。

■ 圖 4.62　沙發商品照片。

　　切換到文生圖介面，然後進行設置，取樣步驟設定 30，寬度設定 800，高度 600，參考下圖。

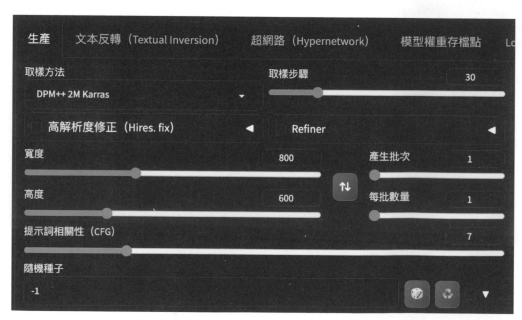

■ 圖 4.63　商品照文生圖配置。

打開 ControlNet 畫面，上傳商品照，選擇 canny，點爆炸，參考下圖。

■ 圖 4.64 商品照 ControlNet 設定。

這裡要注意將 Canny High Threshold 設定為 150，模式選擇平衡，參考下圖。

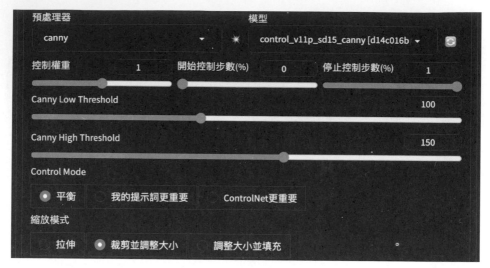

■ 圖 4.65　Canny 的相關設定。

最後點生成，搭配提示詞 "Nordic style living room"，結果如下圖。

■ 圖 4.66　生成的沙發商品情境照。

Nordic style living room
Steps: 30, Sampler: DPM++ 2M Karras, CFG scale: 7, Seed: 3269689188, Size: 800x600, Model hash: ef76aa2332, Model: Realistic, ControlNet 0: "Module: canny, Model: control_v11p_sd15_canny [d14c016b], Weight: 1, Resize Mode: Crop and Resize, Low Vram: False, Processor Res: 512, Threshold A: 100, Threshold B: 150, Guidance Start: 0, Guidance End: 1, Pixel Perfect: True, Control Mode: Balanced, Hr Option: Both, Save Detected Map: True", Version: v1.7.0

室內改造的部分，我們先生成一張室內的北歐風格客廳，參考下圖。

■ 圖 4.67 北歐風格的客廳照片。

Nordic style living room
Steps: 30, Sampler: DPM++ 2M Karras, CFG scale: 7, Seed: 2048821976, Size: 800x600, Model hash: ef76aa2332, Model: Realistic, Version: v1.7.0

再來生成一張深藍風格的客廳，以此作為風格遷移的參考，如下圖。

■ 圖 4.68　深藍風格的客廳。

deep blue style living room
Steps: 30, Sampler: DPM++ 2M Karras, CFG scale: 7, Seed: 2092788384, Size: 800x600, Model hash: ef76aa2332, Model: Realistic, Version: v1.7.0

　　接著到文生圖的 ControlNet 進行設置，第一個單位設定，取樣方法設定為 DPM++ SDE Karras，取樣步驟設定為 30，Refiner 打勾，以加強生成的細節，寬度設定為 800，高度設定為 600，CFG 設定為 7，隨機種子設定為 -1，參考下圖。

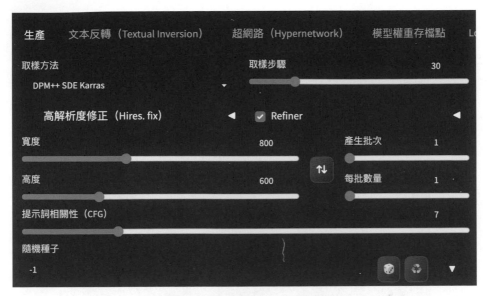

■ 圖 4.69 風格遷移的文生圖設置。

打開 ControlNet，將北歐風格的圖片上傳，勾選完美像素，選擇 Lineart，預處理器選擇 lineart_standard，模型選擇 control_v11p_sd15_ lineart，好了點爆炸，參考下圖。

■ 圖 4.70　北歐風格照的 Lineart 設定之一。

其他剩餘設定，套用預設值即可，參考下圖。

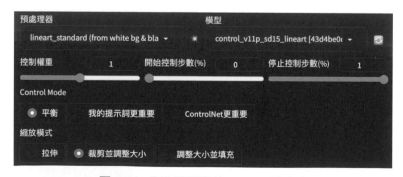

■ 圖 4.71　北歐風格照的 Lineart 設定之二。

再來是第二個 ControlNet Unit 的配置，這邊是設定 Reference 的內容，先上傳深藍風格的圖片，勾選完美像素即開啟預覽，選擇 Reference，預處理器選擇 reference_only，然後點爆炸，參考下圖。

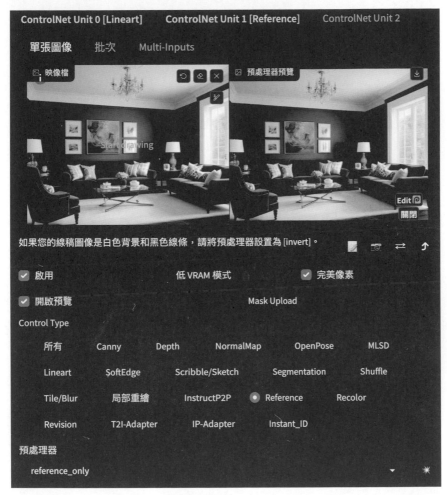

■ 圖 4.72 深藍風格照的 Reference 設定之一。

其他像是控制權重、開始控制步數、及停止控制步數等，維持預設的 1、0、1 即可，Style Fidelity 設定為 0.5，Control Mode 設定為平衡，縮放模式選裁減並調整大小，參考下圖。

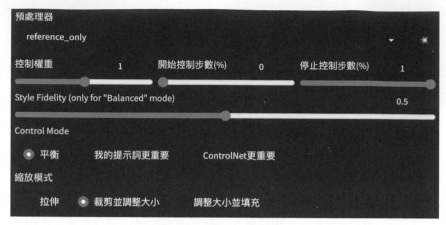

■ 圖 4.73　深藍風格照的 Reference 設定之二。

　　這兩個前置都準備好後，就可以點生成了！不用放正負向提示詞，這裡靠 ControlNet 去處理文生圖即可，這樣就能把深藍風格套用到既有的場景上，非常貼合，沒有明顯的修圖痕跡，結果如下圖。

■ 圖 4.74　風格遷移的客廳成果展示。

Steps: 30, Sampler: DPM++ SDE Karras, CFG scale: 7, Seed: 1982797685, Size: 800x600, Model hash: ef76aa2332, Model: Realistic, ControlNet 0: "Module: lineart_standard (from white bg & black line), Model: control_v11p_sd15_lineart [43d4be0d], Weight: 1, Resize Mode: Crop and Resize, Low Vram: False, Processor Res: 512, Guidance Start: 0, Guidance End: 1, Pixel Perfect: True, Control Mode: Balanced, Hr Option: Both, Save Detected Map: True", ControlNet 1: "Module: reference_only, Model: None, Weight: 1, Resize Mode: Crop and Resize, Low Vram: False, Threshold A: 0.5, Guidance Start: 0, Guidance End: 1, Pixel Perfect: True, Control Mode: Balanced, Hr Option: Both, Save Detected Map: True", Version: v1.7.0

可以參考上方提示詞，相關使用到的詳細參數都已經列在其中，供自行生圖參考用，預祝大家好運！

圖像一致的部分，有時候在生成圖像的時候，我們會希望保持圖像生成的一致性；例如，相同人物的不同視角、服裝、動作、背景等，這邊我們分為三種作法，分別是：圖生圖的重繪、LoRA 的應用、及 ControlNet 的 Reference Only。

➤ 圖生圖的重繪

筆者先準備一張真人版 AI 模特，透過文生圖的介面進行操作，若是要自行測試，直接上傳圖片也可以，如下圖所示。

■ 圖 4.75　真人版 AI 模特。

　　在文生圖這裡，筆者為了強化生成的品質，用到了 ADetailer 去修補臉部的細節，以獲取更高品質的圖像，另外用到的其他參數有像是 Steps: 20, Sampler: DPM++ SDE Karras, CFG scale: 7, Seed: 3541820176, Size: 512x768 等設定，詳細參考圖片下方詳細的提示等相關參數。

(8k, best quality, masterpiece:1.2), (realistic, photo-realistic:1.37), ultra-detailed, (1girl:1.6), cute, beautiful detailed sky,(outdoors:1.4), standing, dating,(nose blush),(smile:1.15),(closed mouth:1.2),beautiful detailed eyes, (long hair:1.2),floating hair NovaFrogStyle, looking at viewer, full body, black_little_dress, hair bun, bangs, pale skin, red lips
Negative prompt: paintings, sketches, (worst quality:2), (low quality:2), (normal quality:2),

lowres, normal quality, ((monochrome)), ((grayscale)), skin spots, acnes, skin blemishes, age spot, manboobs, backlight,(ugly:1.331), (duplicate:1.331), (morbid:1.21), (mutilated:1.21), (tranny:1.331), mutated hands, (poorly drawn hands:1.331), blurry, (bad anatomy:1.21), (bad proportions:1.331), extra limbs, (disfigured:1.331), (more than 2 nipples:1.331), (missing arms:1.331), (extra legs:1.331), (fused fingers:1.61051), (too many fingers:1.61051), (unclear eyes:1.331), bad hands, missing fingers, extra digit, (futa:1.1), bad body,pubic hair, glans, 1boy,
Steps: 20, Sampler: DPM++ SDE Karras, CFG scale: 7, Seed: 3541820176, Size: 512x768, Model hash: fc2511737a, Model: ChilloutMix, Denoising strength: 0.4, ADetailer model: face_yolov8n.pt, ADetailer confidence: 0.3, ADetailer dilate erode: 4, ADetailer mask blur: 4, ADetailer denoising strength: 0.4, ADetailer inpaint only masked: True, ADetailer inpaint padding: 32, ADetailer ControlNet model: control_v11f1e_sd15_tile [a371b31b], ADetailer ControlNet module: tile_resample, ADetailer version: 24.3.0, ControlNet 0: "Module: tile_resample, Model: control_v11f1e_sd15_tile [a371b31b], Weight: 1.0, Resize Mode: Resize-Mode.INNER_FIT, Low Vram: False, Guidance Start: 0.0, Guidance End: 1.0, Pixel Perfect: True, Control Mode: ControlMode.BALANCED, Hr Option: HiResFixOption.BOTH, Save Detected Map: True", Mask blur: 4, Inpaint area: Only masked, Masked area padding: 32, Version: v1.8.0

再來我們參考縮圖下方的選單，選擇調色盤那個按鈕，將生成的 AI 模特圖像傳到圖生圖，如下圖所示。

■ 圖 4.76 AI 模特圖像傳送到圖生圖。

接著我們切換到圖生圖的介面，開啟局部重繪，並利用畫筆將頭部塗白，塗的時候不用太仔細，盡量在頭髮內即可，可以運用橫桿調整筆刷大小，如下圖所示。

■ 圖 4.77　圖生圖的 AI 模特圖像局部重繪設定。

　　再來在下方將遮罩模式設定為重繪非遮罩內容，其他設定保持不變，如下圖。

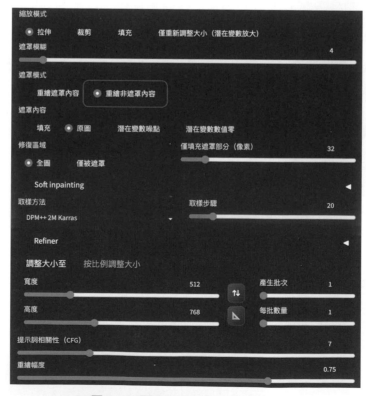

■ 圖 4.78　圖生圖的其他局部重繪設定。

在圖生圖的提示詞設定方面，筆者設定為：「night background」，意思是以夜晚作為背景，可以自行調整成自己需要的，另外要注意的是，因為這裡的提示詞寫得較為簡單，所以有時候 AI 算圖會出現失誤，如果改成像是「a girl, standing, night background」會穩定的多，其他各種組合讀者可以自行探索，生圖效果如下圖所示。

■ 圖 4.79 相同 AI 模特的不同照片。

可以看到相同的 AI 模特，能夠以相同的臉型產生不同的服裝及背景，這裡筆者覺得 Stable Diffusion 還蠻厲害的，它有考慮到夜晚的光影效果，以符合原先頭髮上的光澤，另外左邊那張圖原本塗白有多塗到頭髮外面，淺綠色的部分，但它生圖會自動校正，變得像是挑染頭髮的效果，並搭配人物的右臂裝飾，相當驚艷。

如果是要在固定原本的服裝或背景，那就把塗白的部分再擴大到服裝或背景的區域，然後再重新生成就可以了，這個做法雖然很簡單，但有些侷限性，像是不能調整臉部表情、角度，也無法固定姿勢，隨機性較大。

➢ **LoRA 的應用**

　　這裡介紹第二種作法：使用 LoRA 去生成圖像。我們要先準備 LoRA 的檔案，要能夠做到這件事情，就必須要準備數張圖片，常態性的作法是至少抓 20-30 張，以此作為訓練 LoRA 的素材。

　　推薦一個小工具：X/Y/Z plot，我們可以沿用稍早前的 AI 模特設定，利用這個工具去生成多張圖片，相關設定參考下圖。

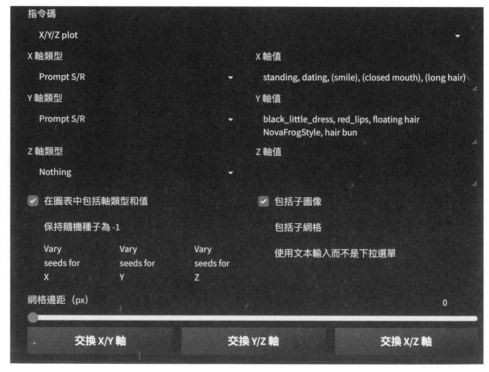

■ 圖 4.80　X/Y/Z plot 的設定。

　　這裡的 Prompt S/R 的意思是，它會去搜尋並取代原本在正負向提示詞中的內容，按照不同比例調配，以此做到各種不同組合的變化效果。要勾選包括子圖像，這樣等它生成好後我們才可以一張張把它們下載下來。可以觀察到 X 軸的變化有 5 種，Y 軸的變化有 4 種，所以總共會有 5x4=20 張圖片。

筆者有做些小實驗，調整了 X/Y 的種類名稱，為的是讓這些圖像生成出來更接近，實際案例應用上，因為是直接拍照或取樣，所以比較不會有這樣的問題。

X/Y/Z plot 還有別種用法，像是它也可以增加 Z 軸的變化，也就是一次考慮三個面向的變因；例如，步驟數、CFG，詳細讀者可以自行探索。

接著我們用上一小節的種子值，以此為基準去生成固定的 AI 模特，這 X/Y/Z plot 腳本會以這個 AI 模特為基礎去做變化，結果如下圖。

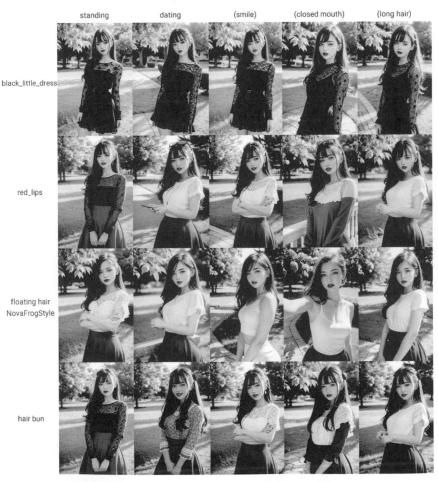

■ 圖 4.81 X/Y/Z plot 生成結果的不同比較。

可以看到 X 軸分為：standing, dating, (smile), (closed mouth), (long hair) 共五種，像是站著、微笑等，Y 軸分為 black_little_dress, red_lips, floating hair NovaFrogStyle, hair bun 共五種，像是黑色長洋裝、紅脣、髮飾配件等。X/Y/Z plot 會基於相同的亂數種子去對各軸不同的種類做微調的變化。

設定的時候，為了要能生成符合人身比例的圖像，設置了 512x768，但對於訓練 LoRA 來說，必須以固定解析度為 512x512 的圖像作為輸入，所以我們要將這些圖像裁減，可以參考 4.5.6 的內容去自動裁減，或是自行裁減也可以。

再來是要將圖像打標籤上去，切換到訓練頁，設定來源目錄及目標目錄，將寬高固定為 512，勾選建立鏡像副本，這個鏡像副本是圖片不夠的時候可以用的，它會對原本的圖像複製一份並將其左右翻轉，所以 20 張會變 40 張，另外也要勾選使用 deepbooru 產生描述，這樣才會把每張圖像對應的文字生成出來，參考下圖。

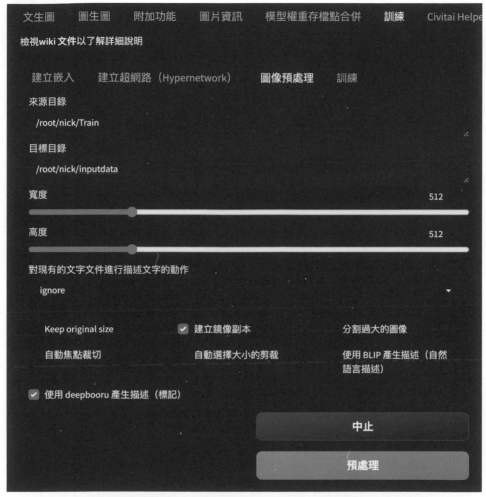

■ 圖 4.82 標記 X/Y/Z plot 產生的圖像。

自動產生描述的標籤之後,在該目錄底下應有類似文字檔,如下圖。

```
root@157c3b1d7192c68a808dca0c17d5d539-taskrole1-0:~/nick/inputdata# ls
00000-0-r2.png   00002-0-r1.png   00004-1-f5.png   00006-1-f1.txt   00009-0-f3.png
00000-0-r2.txt   00002-1-r1.png   00004-1-f5.txt   00007-0-r5.txt   00009-0-f3.txt
00000-1-r2.png   00002-1-r1.txt   00005-0-r4.png   00007-1-r5.png   00009-1-f3.png
00000-1-r2.txt   00003-0-f4.png   00005-0-r4.txt   00007-1-r5.txt   00009-1-f3.txt
00001-0-r3.png   00003-0-f4.txt   00005-1-r4.png   00008-0-f2.png   00010-0-h5.png
00001-0-r3.txt   00003-1-f4.png   00005-1-r4.txt   00008-0-f2.txt   00010-0-h5.txt
00001-1-r3.png   00003-1-f4.txt   00006-0-f1.png   00008-1-f2.png   00010-1-h5.png
00001-1-r3.txt   00004-0-f5.png   00006-0-f1.txt   00008-1-f2.txt   00010-1-h5.txt
00002-0-r1.png   00004-0-f5.txt   00006-1-f1.png   00011-0-h4.png
```

■ 圖 4.83 標記 X/Y/Z plot 產生的圖像結果。

　　到這就完成一半了！在訓練 LoRA 前處理中的切割圖像及標記圖像都已經搞定。進階一些我們可以去編輯這些文字檔，將認為不必要留下的標籤去除掉。

　　還要再做些小處理，準備至少兩個資料夾，包含：輸入圖像、輸出 LoRA。

```
mkdir /root/nick/image
mkdir /root/nick/output
```

　　創建好這兩個目錄後，我們還需要對稍早前的 inputdata 做些處理，要把這些圖像及標籤放置到 image 的目錄底下，這裡設定了 10_face 的目錄，表示這個資料夾中的圖像在訓練的時候，每張圖像會看 10 遍，按照前面的 40 張圖片推算，總共會跑 10x40=400 次，為了簡化操作，只設置 face 的類別，讀者可以再自行嘗試其他組合，這些類別可以有多種，不同種也可以設定不同的觀看次數；例如，30_body。

```
mkdir -p /root/nick/image/10_face
cp -r /root/nick/inputdata/* /root/nick/image/10_face
```

　　再來就是驚心膽跳的訓練 LoRA 環節了，為了避免大家翻車，可以參考筆者的設定去操作，開啟 kohya_ss 的介面，並切換到 LoRA 的分頁，參考下圖。

■ 圖 4.84 kohya_ss 的 LoRA 訓練的 Source model 設定。

這裡的重點是要選擇參考的模型，因為我們是要製作人臉的 LoRA，所以就選擇 ChilloutMix 這個模型，勾選 custom，保持 safetensors，Pretrained model name or path 在這設定為：/root/nick/sd-binary/models/Stable-diffusion/ChilloutMix.safetensors，或是自行選擇對應位置即可。

■ 圖 4.85 kohya_ss 的 LoRA 訓練的 Folders 設定。

這裡則是要設定對應的目錄，Image folder 設定為：/root/nick/image，Output folder 設定為：/root/nick/output，目錄這些按狀況自行調整即可，Model output name 設定為：new_girl_model，這是輸出 LoRA 的名稱，可以按照個人喜好修改。

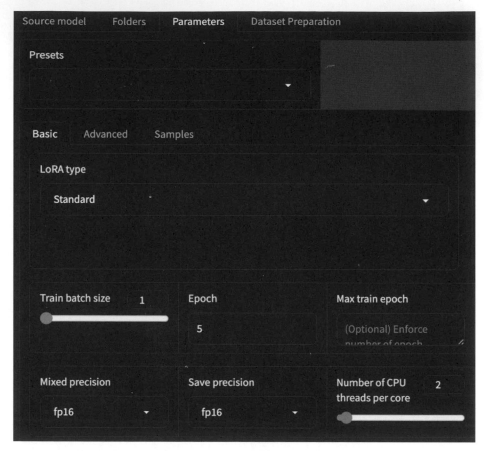

■ 圖 4.86 kohya_ss 的 LoRA 訓練的 Parameters 設定之一。

這裡我們設定 Parameters 之一，LoRA type 選擇 Standard，Epoch 調到 5，表示一次訓練出 5 個 LoRA，這樣就能從中挑選比較好的，其他 precision 設定都保持 fp16，CPU core 如果電腦配備比較好可以調高一點；例如，4 或 8。

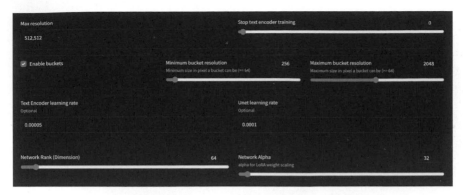

■ 圖 4.87 kohya_ss 的 LoRA 訓練的 Parameters 設定之二。

我們接著設定 Parameters 之二，這裡是要設定圖像尺寸及生成模型相關的參數，可以看到 Max resolution 決定了輸入訓練圖像的尺寸：512x512，Enable buckets 一定要勾選，這是要讓它去調適顯存的使用大小，顯卡越好可以調越大，筆者是用 3090，Minimum 維持 256，Maximum 維持 2048 即可，Text Encoder learning rate 這個學習率一般會保持為 Unet learning rate 的一半，這是按照經驗值決定的，Network Alpha 則會保持為 Network Rank 的一半，Network Rank 會決定生成 LoRA 大小，且該值調越高的話，LoRA 對於細節的掌握度會越高，但這個臨界值會因不同的應用而變化，所以要測試過才能逐步調高。

按照上方等等參數的配置，會有 5 個 LoRA 要訓練，且每一個 LoRA 要400 步，所以總共要跑 5x400=2000 步，這會需要一點時間，筆者以 3090 測試大約需要半小時左右。

訓練好 LoRA 後，我們可以看到 output 的目錄多出了 5 個 new_girl_model-00000x.safetensors 的檔案，其中的 x 表示為數字 1~4，第 5 個名稱為：new_girl_model.safetensors，如下圖所示。

```
root@326cbf2ff262fd2ab416a78d64d465c6-taskrole1-0:~# ls /root/nick/output/
new_girl_model-000001.safetensors
new_girl_model-000002.safetensors
new_girl_model-000003.safetensors
new_girl_model-000004.safetensors
new_girl_model.safetensors
new_girl_model_20240331-182620.json
```

■ 圖 4.88　訓練好的 new girl LoRA。

　　我們可以先拿其中一個 LoRA 做測試，以驗證其效果，這裡選擇 new_girl_model-000001.safetensors，將原本的提示詞添加 <new_girl_model-000001.safetensors:1>，表示這個 LoRA 的權重為 1，然後按生成，看看新的圖像是否有正確套用 LoRA，如下圖所示。

■ 圖 4.89　新 LoRA 生成的 AI 模特圖。

看起來效果還不錯，沒有臉崩的問題，若是有臉崩或其他看似很怪的疑慮，那就要回去檢視訓練 LoRA 的流程是否正確，關鍵三點要注意：

- 是否有正確套用來源 model
- 是否有正確設置 bucket 相關設定
- 是否有正確設置 Network 的 Rank 及 Alpha 值

接著我們可以運用前面提過的 X/Y/Z plot 技巧，利用這個功能來輔助測試不同的 LoRA，這裡我們將「<lora:new_girl_model-000001:0.3>, <lora:new_girl_model-000002:0.3>, <lora:new_girl_model-000003:0.3>, <lora:new_girl_model-000004:0.3>, <lora:new_girl_model:0.3>」加入提示詞，生圖設定不變，X 軸設定為：standing, dating, (smile), (closed mouth), (long hair)、Y 軸添加上述的 lora 內容，如下圖所示。

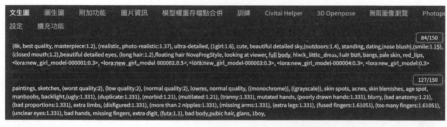

- 圖 4.90 X/Y/Z plot 添加 LoRA 的提示詞。

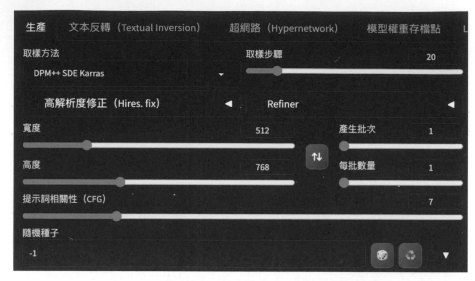

■ 圖 4.91　X/Y/Z plot 的生圖設定。

■ 圖 4.92　X/Y/Z plot 的 X/Y 軸設定。

　　設定好後，我們就能跑生圖測試了，它會套用不同的 LoRA，結果展示如下圖。

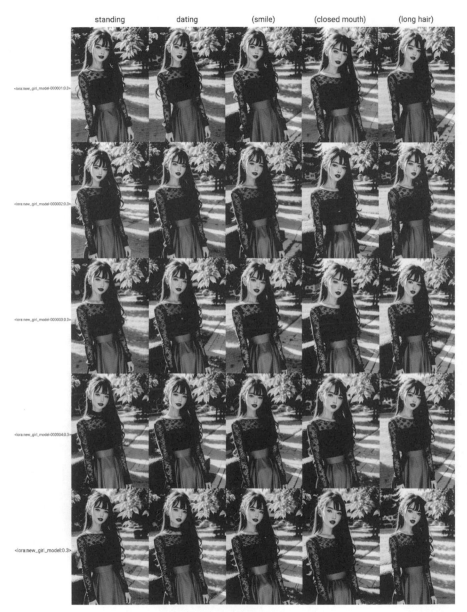

■ 圖 4.93 X/Y/Z plot 測試不同 LoRA 比較。

可以看到大致效果都還不錯，不過我們可以細挑自己比較喜歡的樣式，像是眼睛紋路、人物的配件、臉部的角度，依照這些需求保存對應的 LoRA。

決定好保存的 LoRA 後，接下來我們要到 ControlNet，套用人物的姿勢，使用先前的模特，要新的 AI 模特參考她的動作，這個動作也可以透過編輯 openpose 做修改，並以這個新的 AI 模特作為展示，如下圖。

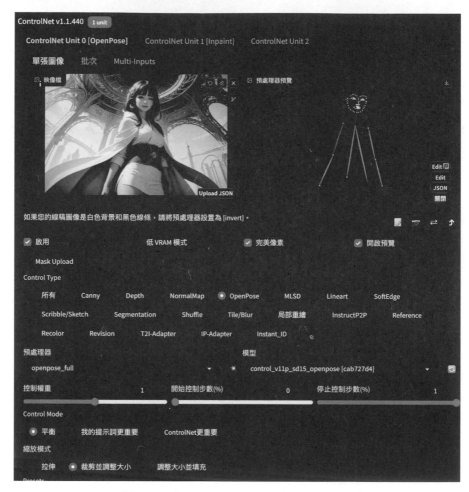

■ 圖 4.94　套用 LoRA 的 ControlNet 動作設定。

然後就能利用 ControlNet 的設定生成模特了，參考下圖。

■ 圖 4.95 LoRA 套用 ControlNet 的動作設定的圖像生成。

看起來都有按照 ControlNet 中設定的動作去生成，臉部的部分也有正確套用 LoRA 的配置，效果看來還不錯。

我們也可以透過 ControlNet 的功能來固定背景，讓生成的固定人物與之融合，除了透過 ControlNet 0 的 openpose 控制動作之外，再增加一個 ControlNet 1 來設定背景，先準備一張咖啡館外拍的照片，這裡筆者是先用文生圖產生一張隨機的咖啡館圖像，將其下載後再上傳到 ControlNet 1，選擇局部重繪，並將要重繪的區域塗白，使用筆刷塗的時候，建議把右邊預覽關掉，才不會卡到設定大小的橫桿，等確認塗好沒問題後再打開預覽，參考如下圖的設定。

■ 圖 4.96　咖啡館照片。

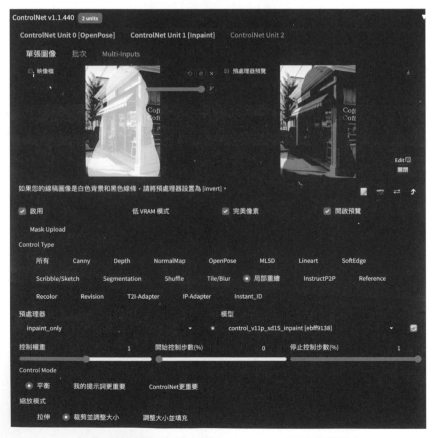

■ 圖 4.97　套用 LoRA 的 ControlNet 局部重繪設定。

接著運用 ControlNet 動作與背景的設定生成圖像，如下圖所示。

■ 圖 4.98 LoRA 與 ControlNet 的動作及背景設定的圖像生成。

這樣就能夠透過 LoRA 去產生相同角色，且可以控制該角色的動作及對應的背景了，如果是要固定衣服的話，利用類似概念，產生另外一個 LoRA 即可，每次生圖可以使用多個 LoRA，剩下的部分留待讀者自行探索，最後我們介紹 ControlNet 的 Reference Only 用法。

➤ ControlNet 的 Reference Only

最後介紹第三種作法：Reference Only，這個方法是以一張模特圖做為參考，透過 ControlNet 的 Reference Only 功能生成一張類似的圖，我們可以使用之前的真人版 AI 模特，將其上傳到 ControlNet，並藉由 Reference Only 生圖，詳細設定的方式，如下圖所示。

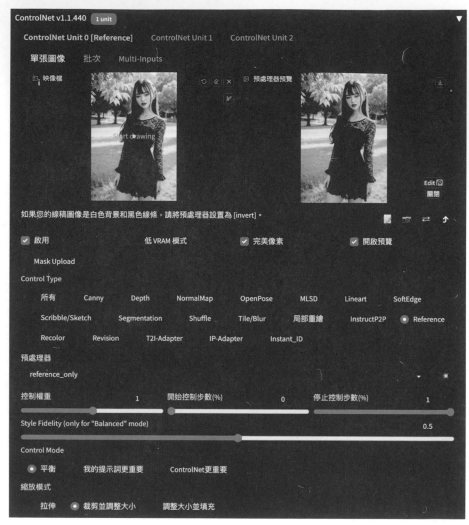

■ 圖 4.99 ControlNet 的 Reference Only 設定。

　　可以看到用法跟前面介紹的都大同小異,主要是要選 Reference 這個選項,然後點爆炸預覽,其他的設定保持不動即可。

　　接下來我們就能夠開始生圖了,先保持原本的正負向提示詞,參考真人版 AI 那邊使用到的提示詞即可,然後開始生圖,結果如下圖所示。

■ 圖 4.100 ControlNet 的 Reference Only 保留正向提示詞與原圖的比較。

左邊及中間的圖像是新生成的，右邊是原圖，可以看到效果還不錯，能透過這項功能直接去生成圖像，這個做法比 LoRA 要方便許多。

我們把正向提示詞拿掉，再測試幾張看看，結果如下圖。

■ 圖 4.101 ControlNet 的 Reference Only 移除正向提示詞與原圖的比較。

可以看到圖像的多樣性增加了，無論是人物或是背景都會有比較大的變化，除了臉部有保持外，還有機率增加一些佩飾配件，或是背景從單純公園轉換到有房子。

最後筆者彙整這三種方法的步驟供大家做參考，並附上比較表。

1. 圖生圖的重繪：將欲參考的一張圖像上傳至圖生圖的局部重繪，將面部塗白，然後利用重繪非遮罩區域來生圖，正向詞需適當保留以符合構圖的邏輯。

2. LoRA 的應用：準備多張圖像，圖像的來源可以是自行拍照或文生圖的 X/Y/Z plot，利用 kohya_ss 介面訓練 LoRA，完成後也能透過 X/Y/Z plot 比較效果。

3. ControlNet 的 Reference Only：將欲參考的一張圖像上傳至 ControlNet，利用其功能輔助生圖，正向提示詞不保留就能有更多變化。

■ 表 4.2　圖像一致的方法比較。

方法	操作難易	多樣性	正向提示詞
圖生圖的重繪	低	普通	需適當保留
LoRA 的應用	高	高	彈性保留
ControlNet 的 Reference Only	低	中等	彈性保留

小秘訣：

1. 要固定動作，可以上傳喜好的圖像，或是以 openpose 格式編輯好上傳，並以 ControlNet 捕捉其中的動作，以此為基準生成固定姿勢的圖像。

2. 要固定背景，可以上傳喜好的背景，透過 ControlNet 的局部重繪去做到，或是強化提示詞中的背景描述。

3. 要固定配件，可以透過配件的 LoRA 來做到，或是強化提示詞中的配件描述。

4.11.4　小結

　　本節我們回顧了 ControlNet，以此為基礎進行實際案例的應用；例如，模特換衣、商品情境、室內改造、及圖像一致等，我們見識到了 ControlNet 這套工具的強力潛力，下一節，我們會對新的大型擴散模型 SD XL 的應用進行詳細的探討。

4.12　SD XL 應用

SD XL 的使用方法介紹！

4.12.1　提要

● 前言
● 場景應用

4.12.2　前言

　　本節我們來看看 SD XL 的相關應用，包含：快速換臉、風格抽換、及 Stable Cascade 的安裝及使用。

4.12.3　場景應用

　　快速換臉的部分，可以搭配 ControlNet 中的 Instant ID 配置，我們先搜尋 dreamshaperXL 這個 checkpoint，使用 CivitAI Browser+ 的插件下載，參考下圖。

■ 圖 4.102　DreamshaperXL 的下載。

有很多 checkpoint 的名稱都有 dreamshaper 的字樣，參考下面兩張圖的內容。

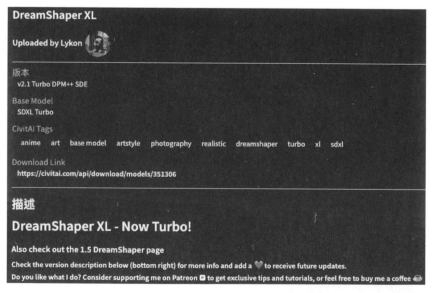

■ 圖 4.103　DreamShaperXL 的介紹。

■ 圖 4.104 DreamShaperXL 的使用範例。

　　下載好後，接著把左上方的模型更換成 DreamShaperXL，並輸入正負向提示詞，"(black intricate thigh high boots:1.5), rococo style,(masterpiece, top quality, best quality), extreme detailed, highest detailed"，參考下圖。

■ 圖 4.105 DreamShaperXL 模型及提示詞設定。

　　再來我們來做生圖基本相關的設定，取樣方法設定為 DPM++ SDE Karras，取樣步驟設定為 30，寬度設定為 1280，高度設定為 1080，CFG 設定為 3.5，可以發現寬高要調比較高，因為是用 SD XL 的版本生圖，所以一般建議是 1024 以上，然後要把 CFG 調小，不需要像原本的 SD 配置是 7，參考下圖。

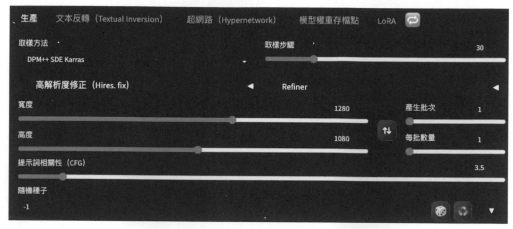

■ 圖 4.106　DreamShaperXL 生圖基本設置。

　　接著是 ControlNet 相關的設置了，要能使用 Instant ID 相關的功能，必須要下載對應的檔案，首先是 ControlNet 的主 model 下載，需要 ip-adapter_instant_id_sdxl 及 control_instant_id_sdxl 這兩個檔案，我們先開啟命令列下載：

```
wget https://huggingface.co/InstantX/InstantID/resolve/main/ip-adapter.
bin
wget https://huggingface.co/InstantX/InstantID/resolve/main/
ControlNetModel/diffusion_pytorch_model.safetensors
```

　　下載好後，將這兩個檔案放置到 {A1111_root}/models/ControlNet 底下：

```
mv ip-adapter.bin {A1111_root}/models/ControlNet/ip-adapter_instant_
id_sdxl
```

```
mv diffusion_pytorch_model.safetensors {A1111_root}/models/Control-
Net/control_instant_id_sdxl
```

其中 {A1111_root} 這個代表你的 automatic1111 所在的位置路徑。具體可以參考：https://github.com/Mikubill/sd-webui-controlnet/discussions/2589。

還需要下載另外 5 個會用到的 onnx 檔案，詳細可以到這個連結去下載：https://huggingface.co/Aitrepreneur/InstantID-Controlnet/tree/main/models/antelopev2，參考下圖。

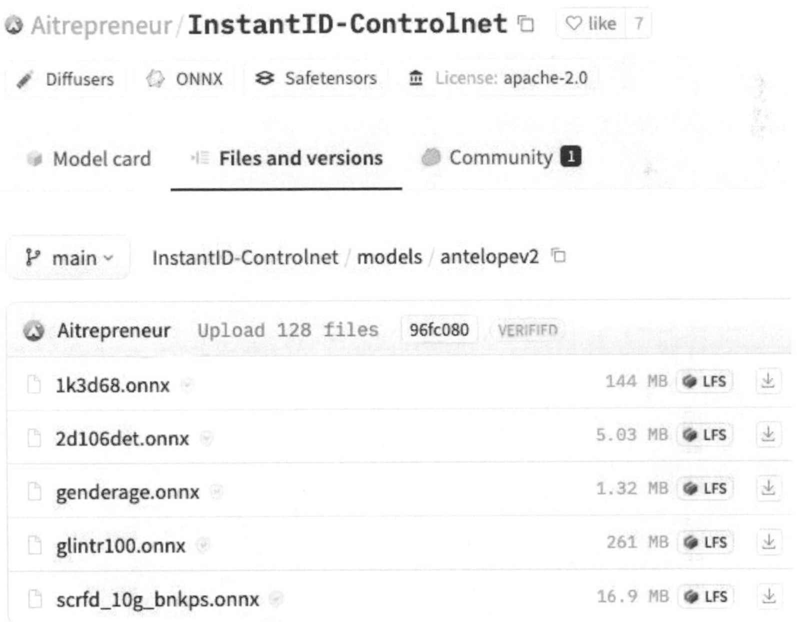

■ 圖 4.107 onnx 的下載位置。

然後是一些相依性套件必須要安裝：

```
pip3 install insightface
pip3 install onnxruntime
```

　　然後我們就可以設定 ControlNet 了！先設定第一個單位，先上傳要換上的臉圖，勾選啟用與完美像素，Control Type 選 Instant_ID，預處理器選擇 instant_id_face_embedding，模型選擇 ip-adapter_instant_id_sdxl，點爆炸預覽，這樣就會把要參考的臉圖萃取出來，做為等下要上臉的參考圖，其他詳細參數，請參考下圖。

　　這邊先賣個關子，這張藍眼空靈少女圖，其實是透過後面介紹的 Stable Cascade 生成出來的，解析度非常高，畫質非常好，後面會有示範生圖，敬請期待！

■ 圖 4.108　ControlNet Unit 0 Instant ID 的設定之一。

　　接著設定其他參數，控制權重等維持預設值，Control Mode 設定平衡，縮放模式選取裁減並調整大小，參考下圖。

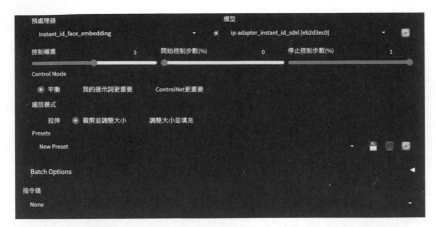

■ 圖 4.109 ControlNet Unit 0 Instant ID 的設定之二。

再來設定 ControlNet Unit1 Instant ID 的設定，上傳之前的模特圖，勾選
啟用與完美像素，Control Type 選 Instant_ID，預處理器選 instant_id_face_
keypoints，模型選擇 control_instant_id_sdxl，好了點爆炸，以獲得臉部的對
應嵌入位置，參考下圖。

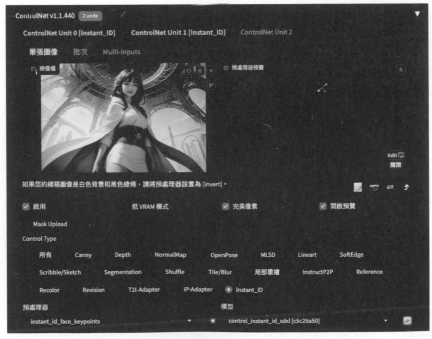

■ 圖 4.110 ControlNet Unit 1 Instant ID 的設定之一。

接著設定 ControlNet Unit1 Instant ID 的下方部分，控制權重等維持預設值，Control Mode 設定平衡，縮放模式選取裁減並調整大小，參考下圖。

■ 圖 4.111　ControlNet Unit 1 Instant ID 的設定之二。

最後我們就能依照這些設定去骰圖了！這邊提供一個看起來還不錯的結果，如下圖，可以看到藍色眼睛的臉有貼到新生成的圖上面，並依照提供的文本提示詞完美貼合，不過眼睛似乎不夠藍，但是仔細看臉型是有符合的，這個流程需要跑一段時間，請耐心等待，詳細提示詞參考下方。

■ 圖 4.112　Instant ID 換臉的效果展示。

(black intricate dress:1.5), rococo style,
(masterpiece, top quality, best quality), extreme detailed, highest detailed
Negative prompt: nfsw, bad hands, ugly
Steps: 20, Sampler: DPM++ SDE Karras, CFG scale: 3.5, Seed: 4235112787, Size: 1280x1080,
Model hash: 4496b36d48, Model: dreamshaperXL_v21TurboDPMSDE, ControlNet 0: "Mod-
ule: instant_id_face_embedding, Model: ip-adapter_instant_id_sdxl [eb2d3ec0], Weight: 1,
Resize Mode: Crop and Resize, Low Vram: False, Processor Res: 512, Guidance Start: 0, Guid-
ance End: 1, Pixel Perfect: True, Control Mode: Balanced, Hr Option: Both, Save Detected
Map: True", ControlNet 1: "Module: instant_id_face_keypoints, Model: control_instant_id_
sdxl [c5c25a50], Weight: 1, Resize Mode: Crop and Resize, Low Vram: False, Processor Res:
512, Guidance Start: 0, Guidance End: 1, Pixel Perfect: True, Control Mode: ControlNet is
more important, Hr Option: Both, Save Detected Map: True", Version: v1.7.0

風格抽換的部分，我們先安裝一個 SD XL 專用的插件，先切換到擴充
功能的頁面，然後載入 URL 的列表，參考下圖。

■ 圖 4.113 擴充功能的 URL 載入套件列表。

再透過瀏覽器的快捷鍵 Ctrl + F 去搜尋 "SD XL" 相關的字樣，可以找到
一個 Style 相關的插件，參考下圖。

Style Selector for SDXL 1.0
提示詞
a Automatic1111 Extension allows users to select and apply different styles to their inputs using SDXL 1.0.
Update: 2024-01-17 Added: 2023-07-30 Created: 2023-07-27

■ 圖 4.114 SD XL 的 Style 插件。

接著點右邊的按鈕安裝，並重新載入 UI，重開後切換到文生圖的頁面，
可以看到多一個 SDXL Style 的選項，如下圖。

■ 圖 4.115　SD XL Style 的介面。

這個設定是可以套用翻譯的，可以修改對應目錄底下的 JSON；例如，{A1111_root}/extensions/StyleSelectorXL，其中 {A1111_root} 這個代表你的 automatic1111 所在的位置路徑。

另外有個方法是去修改全域的設定，這樣 UI 上的翻譯會一體適用，像筆者的環境因為之前有設定部份相同的轉換，所以才會有的有翻譯到，有的卻沒有；例如，3D 模型，它這個邏輯基本上就是對於沒有翻譯到的部分，新增一組 key 和 value 即可。這個設定可以在 {A1111_root}/extensions/stable-diffusion-webui-localization-zh_TW 做修改，這也是一個插件，繁體中文的萬用翻譯，可以按照自己的需求翻譯英文的內容，若還沒安裝的可以到擴充功能那邊去安裝，可以參考這個網址去下載：https://github.com/benlisquare/stable-diffusion-webui-localization-zh_TW。

還有一個建議方法，如果你覺得設定真的頗煩，英文又有蠻大的障礙的話，可以用 Google 翻譯的 Chrome 瀏覽器插件，直接轉換，不過會有些翻譯不準確的問題，操作步驟是把翻譯點開切換一下就好，參考下圖。

■ 圖 4.116 Google 翻譯整個介面。

經過谷哥大神的轉換後，中文的介面大致上長這樣，雖不完美但尚可接受，反正翻譯看起來怪的就切換回來再自行查詢英文即可，參考下圖。

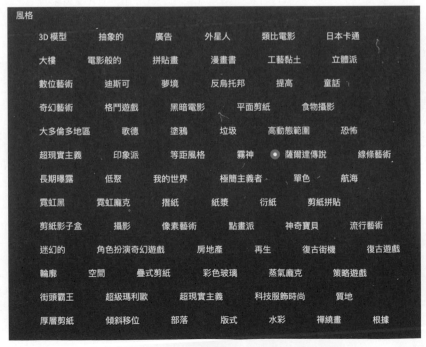

■ 圖 4.117 Google 翻譯的 SD XL Style 介面。

　　這種操作概念本質上是為了用更少的提示詞，來達成生成複雜精細圖像的效果，這個想法與概念與另外一套的開源軟體 Fooocus 不謀而合，Fooocus 也是一套用 Gradio 開發出來的生圖工具，它裡面有包含更多種類的風格模組可供選擇，具體可以參考這個連結：https://github.com/lllyasviel/Fooocus，接下來我們就來嘗試幾種風格吧！先來試試薩爾達傳說。

■ 圖 4.118　SD XL 薩爾達傳說的風格。

Legend of Zelda style a warrior fight against the evil dragon in the dark . Vibrant, fantasy, detailed, epic, heroic, reminiscent of The Legend of Zelda series
Negative prompt: sci-fi, modern, realistic, horror
Steps: 20, Sampler: DPM++ 2M Karras, CFG scale: 7, Seed: 1862690747, Size: 1280x1080, Model hash: 4496b36d48, Model: dreamshaperXL_v21TurboDPMSDE, Style Selector Enabled: True, Style Selector Randomize: False, Style Selector Style: Legend of Zelda, Version: v1.7.0

可以注意到它正向提示詞的規則，它會把我們輸入的內容夾在開頭的風格名稱及結尾的風格描述詞中間；例如，a warrior fight against the evil dragon in the dark 是筆者輸入的內容，前面的 Legend of Zelda style 是它加的，還有後面的 Vibrant, fantasy, detailed, epic, heroic, reminiscent of The Legend of Zelda series 也是。

我們再試試別的風格，用 3D 模型，參考下圖。

■ 圖 4.119 SD XL 3D 模型的風格。

professional 3d model car near the skyscraper . octane render, highly detailed, volumetric, dramatic lighting
Negative prompt: ugly, deformed, noisy, low poly, blurry, painting
Steps: 20, Sampler: DPM++ 2M Karras, CFG scale: 7, Seed: 3343680232, Size: 1280x1080, Model hash: 4496b36d48, Model: dreamshaperXL_v21TurboDPMSDE, Style Selector Enabled: True, Style Selector Randomize: False, Style Selector Style: 3D Model, Version: v1.7.0

如果生成的圖片還想要讓它變得更精細，我們可以使用 Refiner 的功能，目前這功能已經內建在介面上，要使用這個功能，必須要先下載 Refiner 的模型：

```
wget https://huggingface.co/stabilityai/stable-diffusion-xl-refin-
er-1.0/resolve/main/sd_xl_refiner_1.0.safetensors
```

```
wget https://huggingface.co/stabilityai/stable-diffusion-xl-refin-
er-1.0/resolve/main/sd_xl_refiner_1.0_0.9vae.safetensors
```

這兩個模型都是從 Huggingface 上下載的：https://huggingface.co/stabilityai/stable-diffusion-xl-refiner-1.0/tree/main，參考下圖。

■ 圖 4.120　SD XL 的 Refiner 檔案。

可以看到這邊有兩個 Refiner，使用時機的規則是看顯示卡的配置，如果你的顯存大於 12G，那就沒限制了，預設就用 sd_xl_refiner_1.0.safetensors，如果顯存小於 12G，那麼就是要換成 vae 的選項，也就是 sd_xl_refiner_1.0_0.9vae.safetensors，這邊做個小提醒，不管是任何地方能下載的模型，盡量以 safetensors 為主，這種檔案有經過較詳細完整的測試，使用上比較不會出問題，另外也盡量用官方提供的會比較安全有保障。

下載好後，就可以在文生圖的地方套用 Refiner 了，參考下圖。

■ 圖 4.121 SD XL 的 Refiner 設定。

我們再來嘗試幾個風格，這裡用到了電影風格，可以發現有聚焦的效果，不過男主的手指仔細看的話有點問題，整體呈現的精細度蠻高的，參考下圖。

■ 圖 4.122 SD XL 的電影風格。

cinematic film still a man is sitting in the coffee store, chatting with his girl friend. . shallow depth of field, vignette, highly detailed, high budget, bokeh, cinemascope, moody, epic, gorgeous, film grain, grainy
Negative prompt: anime, cartoon, graphic, text, painting, crayon, graphite, abstract, glitch, deformed, mutated, ugly, disfigured
Steps: 20, Sampler: DPM++ 2M Karras, CFG scale: 7, Seed: 3834556884, Size: 1280x1080,

Model hash: 4496b36d48, Model: dreamshaperXL_v21TurboDPMSDE, Style Selector Enabled: True, Style Selector Randomize: False, Style Selector Style: Cinematic, Refiner: sd_xl_refiner_1.0 [7440042bbd], Refiner switch at: 0.8, Version: v1.7.0

彩色玻璃的風格，我們也來嘗試，參考下圖。

■ 圖 4.123　SD XL 的彩色玻璃風格。

Stained glass style A ray of light shines into the church through the colored window glass, sparkling . Vibrant, beautiful, translucent, intricate, detailed
Negative prompt: ugly, deformed, noisy, blurry, low contrast, realism, photorealistic
Steps: 20, Sampler: DPM++ 2M Karras, CFG scale: 7, Seed: 2510253763, Size: 1280x1080, Model hash: 4496b36d48, Model: dreamshaperXL_v21TurboDPMSDE, Style Selector Enabled: True, Style Selector Randomize: False, Style Selector Style: Stained Glass, Refiner: sd_xl_refiner_1.0 [7440042bbd], Refiner switch at: 0.8, Version: v1.7.0

　　再來是蒸氣龐克風格，我們試一下機器城市的場景，有些小細節還是可以看出有些問題，像是左上角的時鐘，羅馬數字不對，還有些人影看起來怪怪的，不過整體感覺還行，有把味道做出來，參考下圖。

■ 圖 4.124 SD XL 的蒸氣龐克風格。

Steampunk style machine city . Antique, mechanical, brass and copper tones, gears, intricate, detailed
Negative prompt: deformed, glitch, noisy, low contrast, anime, photorealistic
Steps: 20, Sampler: DPM++ 2M Karras, CFG scale: 7, Seed: 1897222432, Size: 1280x1080,
Model hash: 4496b36d48, Model: dreamshaperXL_v21TurboDPMSDE, Style Selector Enabled: True, Style Selector Randomize: False, Style Selector Style: Steampunk, Refiner: sd_xl_refiner_1.0 [7440042bbd], Refiner switch at: 0.8, Version: v1.7.0

　　最後我們試試太空的場景，可以看到完成度蠻高的，不過它多畫了幾顆小衛星，這不合理，不過模型本身也不理解這個，畫的時候它就是湊到盡可能像就結束了，這種圖生成後還是需要修改，參考下圖。

■ 圖 4.125　SD XL 的太空風格。

Space-themed Artificial satellite orbits the earth . Cosmic, celestial, stars, galaxies, nebulas, planets, science fiction, highly detailed
Negative prompt: earthly, mundane, ground-based, realism
Steps: 20, Sampler: DPM++ 2M Karras, CFG scale: 7, Seed: 3755042217, Size: 1280x1080, Model hash: 4496b36d48, Model: dreamshaperXL_v21TurboDPMSDE, Style Selector Enabled: True, Style Selector Randomize: False, Style Selector Style: Space, Refiner: sd_xl_refiner_1.0 [7440042bbd], Refiner switch at: 0.8, Version: v1.7.0

　　我們看了許多的 SD XL 風格，但這些只是冰山一角，剩下的樂趣留待讀者自行發掘與想像，我們也看到了新大型擴散模型的潛力，雖然在細節的表示及合理的邏輯性這兩點上面還有些改善空間，再來我們要來使用 Stable Cascade 的模型，它是一個基於 SD XL Turbo 的改良版，承襲了 XL 系列的魅力，可以用簡單提示詞生成精緻複雜的圖像，需要注意一件事情，Stable Cascade 這個由 Stability AI 提供的開源模型是不能商用的，僅供學術及自行研究用途。

我們先準備環境，要能使用 Stable Cascade，目前有兩種方法，第一種是直接用插件，這個好處是只要有 automatic1111 就能直接安裝使用，非常方便，但缺點是會被綁定在這套軟體上，另外一種是自行安裝獨立軟體，避免被綁在 automatic1111 上，不過這意味著要從頭安裝，接下來會依序介紹不同方法的安裝及使用方式。

首先介紹安裝插件的方式，這非常簡單，跟之前介紹的安裝方式相同，我們先切換到延伸功能的地方，尋找 Stable Cascade 這個插件，可以由 https://github.com/blue-pen5805/sdweb-easy-stablecascade-diffusers 去下載安裝，參考下圖。

■ 圖 4.126 Stable Cascade 插件安裝。

安裝好後，重新載入介面，參考下圖操作。

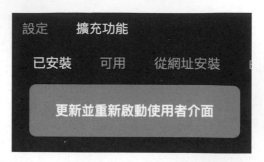

■ 圖 4.127 安裝 Stable Cascade 後重啟使用者介面。

接著就能使用插件的 Stable Cascade 了！輸入提示詞 "an awesome girl,blue eyes,high quality,8k,photorealistic,"，負向提示詞輸入 "bad, ugly,"，寬度高度都設定 1024，CFG 設定 4，步驟調成 30，其他詳細的參數，參考下圖。

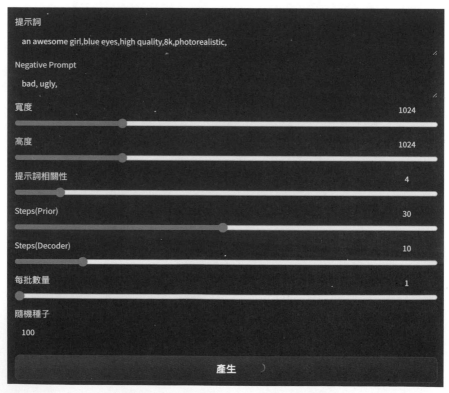

■ 圖 4.128　Stable Cascade 插件的操作。

生成的人物圖，看起來效果還不錯，精細度蠻高的，光影的效果有，雖然是隨機生成的，但不用下很複雜的提示詞，CFG 也不用很高，承襲了 SD XL 的優點，而且以筆者的 RTX 3080 顯卡的效能，一樣的環境，大約比 SD XL 的生成速度快 20%，參考下圖。

■ 圖 4.129 Stable Cascade 插件生成的人物圖。

再來我們來看看本地環境怎麼安裝，這邊我們從 Docker 的環境底下開始，基礎映像可以用這個：nvcr.io/nvidia/cuda:11.8.0-cudnn8-runtime-ubuntu22.04。

以指令啟動容器：

```
sudo docker run -itd --gpus all --name test –port 7860:7860 nvcr.io/
nvidia/cuda:11.8.0-cudnn8-runtime-ubuntu22.04 /bin/bash
```

這個時候已經在開啟的容器裡面了，可以安裝必要套件如下：

```
apt update
apt install git vim python3-pip -y
```

然後下載程式碼：

```
git clone https://github.com/Stability-AI/StableCascade
git clone https://github.com/EtienneDosSantos/stable-cascade-one-
click-installer
```

安裝 Stable Cascade：

```
cd StableCascade
pip3 install -r requirements.txt
pip3 install gradio
pip3 install accelerate
pip3 install git+https://github.com/kashif/diffusers.git@wuerstchen-
v3
cd stable-cascade-one-click-installer
pip3 install -r requirements.txt
```

到這邊直接啟動是會有問題的，要能解決必須要下這個指令：

```
find / -name "*.json" -print | xargs grep "c_in"
```

接下來就能啟動了，沒有報錯的話，可以到：http://localhost:7860 看到，詳細介面，參考下圖。

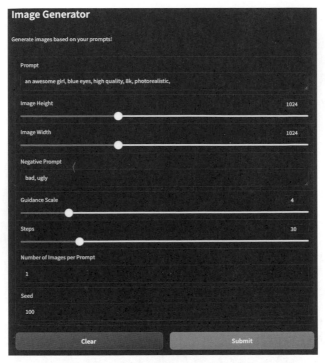

■ 圖 4.130 地端 Stable Cascade 操作介面。

相同的提示詞可以產出與剛剛類似的圖像,參考下圖。

■ 圖 4.131 Stable Cascade 地端生成的人物圖。

　　筆者認為兩張人物圖都蠻好看的，見仁見智，但整體來看無論是插件版的或是地端版的生成效果都算不錯，期待還有後續更進階的優化了。

　　接下來補充一個小東西，我們從 CivitAI Browser+ 下載模型的時候，有些會需要綁定你的 API 金鑰，以下示範如何操作，設定好後就可以不受限制的下載模型囉！

　　先到 https://civitai.com/user/account 這個網址新增自己的 API 金鑰，參考下圖。

■ 圖 4.132　CivitAI API 金鑰設定。

新增 API 金鑰，參考下圖。

■ 圖 4.133　新增 API 金鑰。

　　新增好後要記得存下來，只會在這個時候可以複製，再來就看不到了，
如下圖。

■ 圖 4.134　備份 API 金鑰的內容。

　　接著切換到設定分頁，點選左邊側板最下方的「顯示所有頁面」，參考
下圖。

■ 圖 4.135　設定分頁的顯示所有頁面。

　　接著用瀏覽器 Crtl+F 搜尋 Civit，可以找到設定 API 金鑰的地方，將複
製好的金鑰貼上去，把 Hide early access models 勾掉，不然搜尋模型會報錯，
參考下圖。

多少秒刷新一次待辦 TensorBoard 事件和摘要到磁盤上

120

Personal CivitAI API key (You can create your own API key in your CivitAI account settings, this required for some

金鑰貼在這！下面這個不要勾！

✓ Hide early access models (Early access models are only downloadable for supporter tier members)

✓ Treat LoCon's as LORA's (SD-WebUI v1.5 and higher treats LoCON's the same as LORA's, Requires UI reload)

■ 圖 4.136　CivitAI 金鑰。

設定好後要重啟 UI，然後到 CivitAI Browser+ 去搜尋 SD XL 系列，建議可以參考下圖的設定，有需要也能設置成預設值。

■ 圖 4.137　SD XL 的搜尋設定。

接著就能下載 colorburstXL 的模型了，最後我們以該模型與 DeepBlueXL 模型分別套用 SD XL Style 的兩張二次元圖做為結尾，參考下圖，預祝大家算圖順利！

■ 圖 4.138　SD XL 的二次元風格。

Photo of a blonde wizard girl, illuminated by the moonlight, with her black cat familiar, surrounded by swirling embers and mystical particle lines, set against a fantastical backdrop. The lighting should enhance the magical and enchanting atmosphere.,
Negative prompt: bad, ugly
Steps: 20, Sampler: DPM++ 2M SDE Karras, CFG scale: 7, Seed: 33961325, Size: 1080x1280, Model hash: 5f36b87506, Model: colorburstXL_animeSDXLV10, Style Selector Enabled: True, Style Selector Randomize: False, Style Selector Style: base, Version: v1.7.0

■ 圖 4.139　SD XL 的動漫風格。

a stunning cinematic photo, cinematic, close-up
girl looking wistfully out her window on a moonlit enchanting night (anime illustration:1.2)
Steps: 20, Sampler: DPM++ 2M SDE Karras, CFG scale: 7, Seed: 1289301802, Size: 1620x1080,
Model hash: f04de93a36, Model: deepBlueXL_v310, Style Selector Enabled: True, Style Selec-
tor Randomize: False, Style Selector Style: base, Version: v1.8.0

4.12.4　小結

　　本節我們探討了關於 SD XL 的應用，包含：快速換臉，這是專屬於 ControlNet 的 SD XL 功能，我們也探索了各種不同面向的 SD XL 風格，發現其優勢在於可以用簡單的提示詞及低許多的 CFG 去生成複雜精美的圖像，我們也嘗試了目前最接近 Stable Diffusion 3 的 Stable Cascade，見識到了它的魅力所在，更快速的生成及更精緻的圖像，目前主流操作上還是以 SD 1.5 為主，下一章我們會對全書進行總結。

第五章

圖像生成式 AI 的未來

5.1　AIGC 的道德議題

5.2　AIGC 的技術走向

5.3　全書總結

　　在本章中，我們分為三個部份，依序介紹 AIGC 的道德議題、AIGC 的技術走向、及全書總結。

5.1 AIGC 的道德議題

使用 AIGC 有哪些道德風險？

5.1.1 提要

- 前言
- 深度偽造
- 脣形同步
- 可信任的 AI

5.1.2 前言

　　這節我們來看下使用生成式 AI 的道德風險，使用時須保持謹慎，探討如何妥適的使用生成式 AI 的技術，包含：深度偽造、脣形同步、及可信任的 AI。

5.1.3 深度偽造

　　深度偽造 (deep fake) 的技術自推出以來就引起了深遠的影響，造成許多名人的資料遭到冒用、盜用、及進行不法的行為，謹慎地使用公開的資訊是每個人應該恪守的規範，但我們是否有辦法可以偵測偽造的訊息？能否透過一些工具或是方式偵測我們所獲得的訊息是真實的？目前常見的偵測方法流程，主要分為圖片類型的偵測與影片類型的偵測，詳細的運作類別，參考下圖。

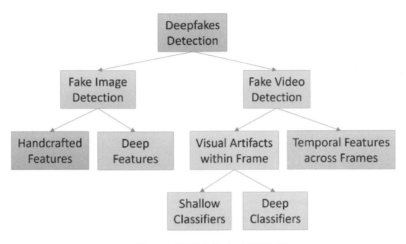

■ 圖 5.1 深度偽造的偵測分類。

圖片類型的偵測部分，分為：手工添加的特徵 (Handcrafted Features)、深度特徵 (Deep Features)，手工特徵是早期人工對於圖片加料，類似修圖的概念，但多少都會有些痕跡；深度特徵是指藉由深度學習相關的方法添加的內容，有的人工肉眼難以辨識，像是基於 GAN 的方法，GAN 可以生成新的圖片，這是透過生成器 (Generator) 進行的，我們可以反過來利用 GAN 中的判別器 (Discriminator) ，幫助我們判定假資料，參考下圖。

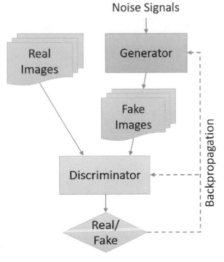

■ 圖 5.2 GAN 的架構。

影片類型的偵測部分，分為：影格內的視覺偽影 (Visual Artifacts within Frame)、跨影格的時間特徵 (Temporal Features across Frames)，這概念也蠻單純的，就是單畫面跟多畫面的差異，意味著有的特徵存在單影格，有的特徵是跨影格的，對於跨影格的時間特徵中偵測的邏輯與流程，參考下圖。

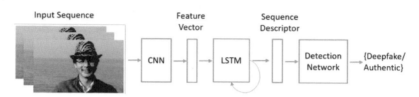

■ 圖 5.3　影片類型的深偽偵測。

可以看到先把輸入的影片拆分為多個影格，然後輸入到卷積神經網路內去萃取特徵，轉換成特徵向量作為 LSTM 的輸入，透過其序列模型的特性，提取跨時間軸的特徵，最後輸入進偵測網路，以判斷是否有偽造的痕跡。

影格內的視覺偽影中的淺分類器 (Shallow Classifier) 與深分類器 (Deep Classifier)，主要區別在於所提取的特徵，深層分類或淺層分類；例如，膠囊網路從 VGG-19 中提取特徵，這樣的分類器就屬於深層分類器，參考下圖。

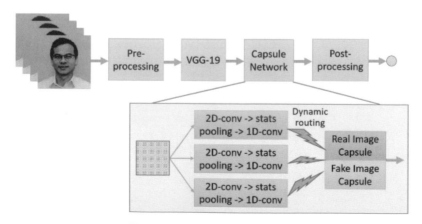

■ 圖 5.4　膠囊網路作為深度分類器。

5.1.4 脣形同步

這節我們接續探討道德相關的議題，脣形同步 (lip sync) 是一項用在影片中與語音匹配的技術，雖然它可以讓生成的影片內容更加真實，但同時也增加了辨別偽造影片的難度，這裡介紹一項可以做到脣形同步的技術：Wav2Lip，這項技術已經存續蠻長一段時間了，很多開源工具都參考了其中的做法，參考下圖。

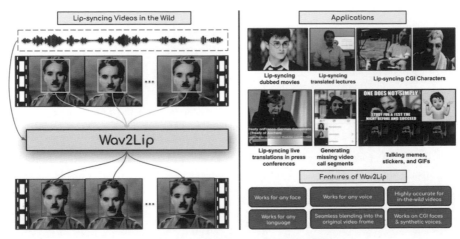

■ 圖 5.5　Wav2Lip 的應用與功能。

Wav2Lip 採取了與以前不同的做法，以往常用的方法是把口型對齊與影片串流拆開來處理，但這個模型則是同時處理，並可以得到與真實情況非常接近的影片；純形同步的應用很廣，舉凡：影片、演講、會議的即時口譯、補全缺失的影片內容、動畫的角色語音、及脫口秀等等，都有其蹤跡存在；關於 Wav2Lip 有包含幾個常見功能；例如，支援多張臉、支援任何聲音、高準確度對於室外環境的影片、支援任何語言、可以無瑕疵地嵌入到影片的畫面中、支援動畫的臉說話與聲音同步。

Wav2Lip 這個模型與以往其他類似功能模型最大的差別在於，它有使用到預訓練的唇形同步專家 (Pre-trained Lip-Sync Expert) 作為對齊，定義了一個同步損失 (Sync loss)，這樣模型在訓練的時候就會有一個參考可以依循，也就是使用預訓練的判別器 (Discriminator)，該判別器在檢測唇形同步錯誤方面已經相當準確，另外還採用了視覺品質鑑別器 (Visual Quality Discriminator) 來提高視覺品質和同步精度。詳細的流程架構圖，如下圖所示。

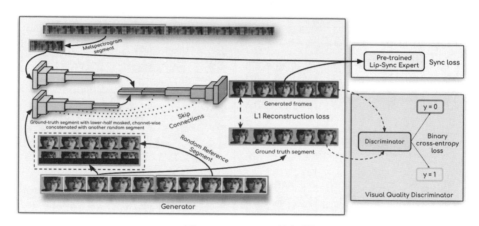

■ 圖 5.6　Wav2Lip 的架構。

了解了深度偽造和唇形同步的技術原理後，我們已經對於要防範這些技術運用在不法用途上已經有些參考可以依循，於是乎我們會開始去思考說是否有更完善的的做法？我們在設計 AI 時是否有些框架或標準可以依循？請看下一小節的內容。

5.1.5　可信任的 AI

要能夠構建可信任的 AI，有四項主要指標可以參考，包含：仁慈 (Beneficence)、無惡意 (Non-maleficence)、人類自主 (Human Autonomy)、正義 (Justice)。這四項指標都能搭配透明 (Transparency) 運作會更好，一切公開透明可供大眾檢視，這樣也才能確保這些原則是確實有利於大眾的。這些概念也與歷史悠久的機器人三大定律有些類似，尤其是人類自主這一項，但與其不同的是加深了道德相關的概念，不過說實在話，道德相關的軟體應該頗難寫，因為這不是單純的邏輯而已，其中牽涉到的倫理部分有可能相當複雜，人生有很多事情是合人性但反邏輯的，但以目前生成圖像的應用來說，我們是可以用 NSFW 去避免其生成敏感內容，至於使用者拿看似正常的圖像有可能造成傷害這件事情就需要再判斷了，關於道德規範的原則，可以參考下圖。

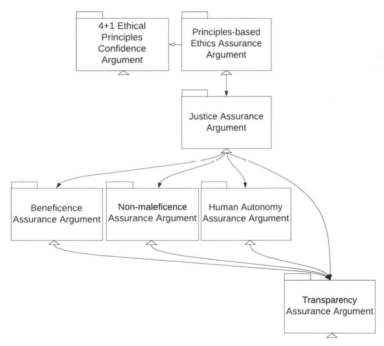

■ 圖 5.7 4+1 的道德規範。

5.1.6 小結

本節我們探討了 AIGC 相關的道德議題，包含：深度偽造、唇形同步、可信任的 AI。了解道德的規範我們在設計 AI 的時候才能保持謹慎，下節會介紹 AIGC 技術的後續走向。

5.2 AIGC 的技術走向

來聊聊後續 AIGC 的技術走向。

5.2.1 提要

- 前言
- 圖像生成的演進
- Stable Diffusion 的演進
- 其他方面

5.2.2 前言

本節我們會探討關於圖像生成相關及延伸的技術演進，包含：圖像生成的演進、Stable Diffusion 的演進、及其他方面。

5.2.3 圖像生成的演進

我們從 VAE 出發，講述了基於編碼器的生成圖像架構，VAE 透過最大化證據下界 (ELBO) 進行訓練；再來是 GAN，它是透過對抗學習引入了一種新的生成模型訓練方法，並在生成高質量逼真圖像和其他類型數據方面取得了廣泛成功；Transformer 是一種神經網路架構，它依賴於自我注意機制，以在生成每個輸出元素時權衡不同輸入元素的重要性。並在各種 NLP 任務中取得了最先進的性能，超越了 RNN 和 CNN；Diffusion 模型是一種生成模型，旨在通過迭代改進雜訊向量來建模數據分佈，關鍵概念是建模雜訊到數據的擴散過程；Stable Diffusion 建立在 Diffusion 模型基礎之上，引入穩定性改進來提高生成樣本的質量。透過引入正則化技術和架構修改等方式，解決了訓練過程中的模式崩潰和不穩定性等挑戰。整體流程可以簡化為：VAE → GAN → DDPM → DDIM → Stable Diffusion。

關於 SD 與其他相關模型的流程；例如，DALLE 系列，參考下圖。

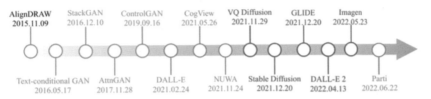

■ 圖 5.8 圖像生成模型的演進。

5.2.4 Stable Diffusion 的演進

這節我們來回顧一下關於 Stable Diffusion 的演進，在成功地引入穩定擴散的機制後，圖像生成式 AI 取得了不錯的進展，可以有效地運用 GPU 的算力生成逼真的圖像；受到其啟發，SD XL 進而加深了其中的 UNet 網路架構，以此為基礎獲得了更好的結果；SD XL Turbo 引入對抗擴散蒸餾，可以用更少的步驟產生高品質的圖像；SSD-1B 修剪了 UNet 中的殘差塊，簡化了 SD XL 架構，並引入特徵蒸餾使其具有相當於 SD XL 的性能；Stable Cascade 採用了三階段模組的架構，擁有更好的壓縮比及更精細的圖像品質，全面超越了當前的 SD 系列，包含：SD XL 與 SD XL Turbo 等等；Stable Diffusion 3 是一個多模態的 DiT 架構，具有同時輸出文字與圖像的能力，生成速度及品質與其他 SD 模型相比，達到了 SOTA (state of the art)。

整體流程可以簡化為：SD → SD XL → SD XL Turbo → SSD-1B → Stable Cascade → Stable Diffusion 3。

5.2.5 其他方面

➢ **圖像描述的演進**

自 ChatGPT 問世以來，我們可以看到產生文本內容的技術已經越趨成熟，其中一項由 Meta 的開源項目 LLaMA 的表現也不遑多讓，參考了其中的設計，微軟團隊後來發布 LLaVA，這是一個可以描述圖像的大型視覺模型，它是一種大型模型，結合了多模態及視覺編碼器的架構，參考下圖，對於描述圖像內容的能力令人印象深刻，可以參考連結：https://llava-vl.github.io/，這個網頁可以直接測試模型的能力。

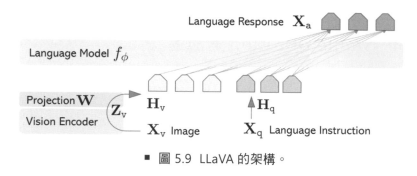

■ 圖 5.9　LLaVA 的架構。

➢ **神經輻射場的演進**

我們介紹了具有建模能力的 NeRF，這個網路架構可以學習建模的知識，並透過推論 (inference) 輸出場景，接著探討了 3D Gaussian，它改良了 NeRF 訓練耗時的缺點，可以快速的建模，後續可以持續關注其中的發展。

➢ **影片生成的演進**

Stability AI 有發布一個專門處理影片的模型，叫做 Stable Video Diffusion，這個模型由文本輸入進而輸出影片的效果非常逼真，可以參考：

https://stability.ai/news/stable-video-diffusion-open-ai-video-model，而在近期的 Sora 是一種文字到影片生成 AI 模型，由 OpenAI 於 2024 年 2 月發布。該模型經過訓練，可以根據文字指令生成現實或想像場景的影片，並顯示出模擬物理世界的潛力。在其問世前的其他著名模型，參考下圖。

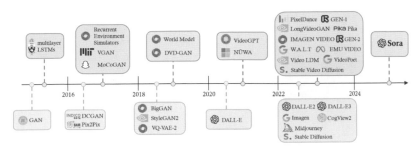

■ 圖 5.10 GAI 視覺領域發展史。

➢ 注意力的前世今生

2017 年，Transformer 的架構問世，在 NLP 領域及取得不錯的成果，達到了 SOTA，隨著時間序的推移，2020 年，ViT 的出現成功拓展了 Transformer 的應用範疇，帶動了圖像領域的分支研究，我們都已經知道注意力機制與多層感知機(MLP)的相互作用是一件重要的事情，有三項關鍵特色：通用的架構 (泛用性強)、具有可拓展性 (原始架構是 6 個編碼器和 6 個解碼器，對其組件做增減修改容易)、及可以很好地在 GPU 上面運作 (硬體有支援，涵蓋 Nvidia Driver 與 CUDA 等方面)。

這三項關鍵特色也可以視為取代 Trasformer 的重點，於是乎我們也開始去思考其存在的必要性，注意力是真有必要？還是只是現有技術的一個瓶頸而已？ 2023 年 6 月的新研究 White-Box Transformers via Sparse Rate Reduction 打破了這個思維，這個研究嘗試解決 Transformer 的可解釋性，避免黑盒問題，透過一系列的模組改造後，做出了一個類似 ViT 的結構：CRATE，而這樣的結構具有可解釋性，同時也能達到相當於 ViT 的性能，

CRATE 建立一個深度網路，透過針對分佈的局部模型進行連續壓縮，將資料轉換為低維子空間的規範配置，參考下圖。

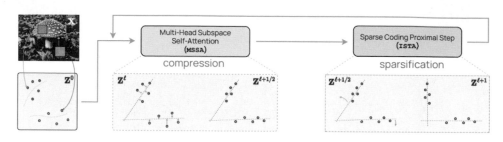

■ 圖 5.11　CRATE 的主要運作流程。

另外一項令人振奮的研究是 Mamba，它也是挑戰 Transformer 架構的一項新嘗試，採用了選擇性的狀態空間架構，它是一種基於狀態空間的 LLM，以類似循環神經網路嘗試去取代注意力機制，達到了不錯的效果，整體上就是將狀態空間模型 (State Space Model, SSM) 的循環與 Transformer 的前向模組風格結合，參考下圖。

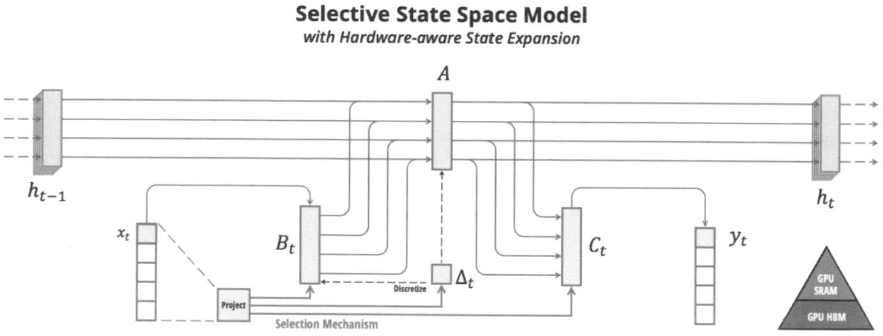

■ 圖 5.12　選擇狀態空間模型。

最後，Rethinking Attention 這份研究分析了各種注意力的變體，以 Transformer 模型中的核心操作自注意力層 (Self Attention, SA) 和交叉注意力層 (Cross Attention, CA) 為優化目標，直接使用簡單高效的 MLP 層進行替換，參考下圖。

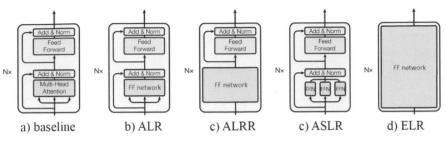

a) baseline   b) ALR   c) ALRR   c) ASLR   d) ELR

■ 圖 5.13 不同的編碼器替換方法。

最左邊的 a 展示了 Transformer 的架構；b 展示了將多頭注意力 (Multi-Head Attention, MHA) 取代為前向回饋網路 (Feed-Forward network, FF network)；c 的 ALPR(Attention Layer with Residual Connection Replacement) 進一步簡化了 b 的架構，進而將殘差塊取代；c 還有另一種變體是 ASLR(Attention Separate Heads Layer Replacement)，將 b 的 FF network 拆分為多個；而最右邊的 d 則是 ELR(Encoder Layer Replacement)，它將整個 Transformer 的注意力模組整個取代掉。這就是無注意力的 Transformer: Attentionless Transformer，有著媲美原始 Transformer 的性能優勢。

5.2.6 小結

本節我們探討了 AIGC 相關的技術走向，包含：圖像生成的演進、Stable Diffusion 的演進、及其他方面，整體來說我們回顧了圖像及其延伸相關議題的演進，下節我們會對全書內容進行總結。

5.3 全書總結

　　我們可以看到 AIGC 這項技術經過數十年的積累下，目前已經取得不錯的結果，達到了一定的水準，完成了階段性的里程碑，AIGC 的架構層可以細分為三類，分別是基礎層、引擎層、及服務層。透過這三層的妥善協作我們才能夠很好地使用這些圖像生成式 AI 的工具，從基礎層的硬體與資料，到多模態模型，甚至是應用的 ToB ToC 端，最後到圖像的生成介面，每項環節都不可或缺，參考下圖。

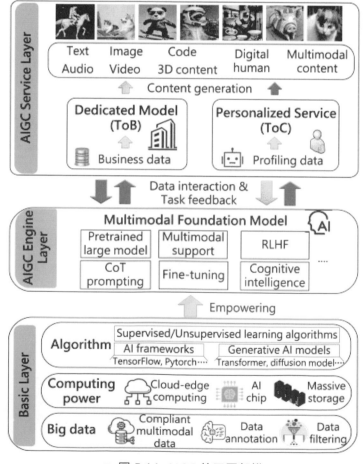

■ 圖 5.14　AIGC 的三層架構。

　　AIGC 的賦能技術也相當重要，包括生成式人工智慧演算法、預訓練大型模型、及多模態技術在內的尖端人工智慧技術的融合導致了 AIGC 範式的蓬勃發展。

　　第一章我們回顧了 AIGC 的歷史與演進，了解 AIGC 的起源與應用；第二章我們探討了 AIGC 的相關技術，理解了當代如今重要的生成式 AI 基礎架構，探索了其中的可能性；第三章我們探討了 Stable Diffusion 的相關原理，了解提示詞的原理及應用，並探索了圖像生成模型的優化方式；第四章我們應用 Stable Diffusion 至開源工具上，見證了其中所蘊含潛力的無限可能；第五章我們回顧了道德及技術走向相關的議題，探討了未來可能的走向，期待後續能打造出簡便高效的可信任 AI。

　　自 1940 年代，類神經網路問世起，人類就已經開始朝向探索智慧之路邁進，其中人工智慧的研究起起伏伏，曾紅極一時，也曾打入冷宮，直到 2012 年 AlexNet 搭配 GPU 實現深度學習的神經網路，才逐漸蓬勃發展，2015 年間其中陸陸續續出現了許許多多的神經網路架構，包含 VGG、ResNet，甚至是後來的 Transformer，以及擴散模型 Stable Diffusion 等等，這些基礎架構都深深地影響了現在深度學習領域的發展方向，隨著 GPU 算力的不斷躍升，Transformer 的優勢也逐漸發揮出來，發展出了 ViT 的架構，甚至是後來媲美 Swin Transformer 的 ConvNeXt，都可見其蹤影，隨著 Stable Diffusion 3 的出現，我們已經知道，預訓練及多模態模型的引用已蔚為顯學，後續要思考的是效率調整參數的議題。AIGC 之旅，這是一場探究智慧的旅程，對於模擬智慧的領域進行了廣泛的探索，這場旅行還在繼續，也還會持續下去，目前已經發現，擴散模型不只可以生成圖像，還可以生成神經網路參數。我們很慶幸能處在這樣的年代，一個生成式 AI 萌芽起飛的年代，充滿著進步與希望，或許，我們與強 AI 時代的距離，就在不遠之處。

參考文獻

[1]   Challenges and Applications of Large Language Models:
https://arxiv.org/pdf/2307.10169.pdf

[2]   AI-Generated Content (AIGC): A Survey:
https://arxiv.org/pdf/2304.06632.pdf

[3]   A Comprehensive Survey of AI-Generated Content (AIGC):A History of Generative AI from GAN to ChatGPT:
https://arxiv.org/pdf/2303.04226.pdf

[4]   AI 應用與影響：
https://www.businessweekly.com.tw/focus/blog/3011901

[5]   什麼是 AIGC ？：
https://ezbacklink.net/what-is-generative-ai/

[6]   AI-Generated Content (AIGC): A Survey:
https://arxiv.org/pdf/2304.06632.pdf

[7]   A Comprehensive Survey of AI-Generated Content (AIGC):A History of Generative AI from GAN to ChatGPT:
https://arxiv.org/pdf/2303.04226.pdf

[8]   MetaGPT 的介紹與使用：
https://github.com/geekan/MetaGPT

[9]   AIGC 的市場現況：
https://www.leoniscap.com/posts/chinas-generative-ai-landscape

[10]   AI-Generated Content (AIGC): A Survey:
https://arxiv.org/pdf/2304.06632.pdf

[11]   A Comprehensive Survey of AI-Generated Content (AIGC):A History of Generative AI from GAN to ChatGPT:
https://arxiv.org/pdf/2303.04226.pdf

[12]   Generative models:
https://openai.com/research/generative-models

[13]   Reducing the Dimensionality of Data with Neural Networks:
https://www.science.org/doi/10.1126/science.1127647

[14]   Autoencoders:
https://arxiv.org/pdf/2003.05991.pdf

[15]   Auto-Encoding Variational Bayes:
https://arxiv.org/abs/1312.6114

[16]   VAE 介紹 - 李宏毅老師：
https://www.youtube.com/watch?v=YNUek8ioAJk&list=PLJV_el3uVTsPy9oCRY30oBPNLCo89yu49&index=28

[17] GAN 筆記：

https://medium.com/hoskiss-stand/gan-note-791358c3b10b

[18] Generative Adversarial Networks:

https://arxiv.org/abs/1406.2661

[19] A Review on Generative Adversarial Networks: Algorithms, Theory, and Applications:

https://arxiv.org/pdf/2001.06937.pdf

[20] GAN 介紹 - 李宏毅老師：

https://www.youtube.com/watch?v=8zomhgKrsmQ&list=PLJV_el3uVTsPy9oCRY30
oBPNLCo89yu49&index=27

[21] Generative models:

https://openai.com/research/generative-models

[22] Pixel Recurrent Neural Networks:

http://arxiv.org/abs/1601.06759

[23] RNN、LSTM、GRU:

http://dprogrammer.org/rnn-lstm-gru

[24] Pixel RNN 介紹 - 李宏毅老師：

https://www.youtube.com/watch?v=YNUek8ioAJk&list=PLJV_el3uVTsPy9oCRY30
oBPNLCo89yu49&index=28

[25] Pixel RNN 論文閱讀：

https://blog.csdn.net/weixin_37993251/article/details/88726439

[26] 基於流的生成模型：

https://zhuanlan.zhihu.com/p/351479696

[27] Variational Inference with Normalizing Flows:

https://arxiv.org/pdf/1505.05770.pdf

[28] Flow based Model- 李宏毅老師：

https://www.youtube.com/watch?v=uXY18nzdSsM&t=2983s

[29] Flow-based Deep Generative Models:

https://lilianweng.github.io/posts/2018-10-13-flow-models/

[30] Flow-based generative model-wiki:

https://en.wikipedia.org/wiki/Flow-based_generative_model

[31] DDPM: Denoising Diffusion Probabilistic Models:

https://link.zhihu.com/?target=https%3A//arxiv.org/abs/2006.11239

[32] Diffusion Models:

https://medium.com/image-processing-and-ml-note/diffusion-models-b4609ff05ae6

[33] 擴散模型之 DDPM:

https://zhuanlan.zhihu.com/p/563661713

[34] 另闢蹊徑 Denoising Diffusion Probabilistic 一種從噪音中剝離出圖像 / 音頻的模型：
https://zhuanlan.zhihu.com/p/366004028

[35] 【生成式 AI】淺談圖像生成模型 Diffusion Model 原理：
https://www.youtube.com/watch?v=azBugJzmz-o

[36] Noise2Noise-Learning Image Restoration without Clean Data:
https://arxiv.org/abs/1803.04189

[37] 圖像去噪論文 Noise2Noise-Learning Image Restoration without Clean Data 詳解：
https://blog.csdn.net/weixin_36474809/article/details/86535639

[38] Attention Is All You Need:
https://arxiv.org/pdf/1706.03762.pdf

[39] Transformer- 李宏毅老師：
https://hackmd.io/@abliu/BkXmzDBmr

[40] Implicit Neural Representations with Periodic Activation Functions:
https://www.vincentsitzmann.com/siren/

[41] NeRF:
https://www.matthewtancik.com/nerf

[42] NeRF: Representing Scenes as Neural Radiance Fields for View Synthesis:
https://arxiv.org/pdf/2003.08934.pdf

[43] Learning Transferable Visual Models From Natural Language Supervision:
https://arxiv.org/pdf/2103.00020v1.pdf

[44] 3D Gaussian Splatting Explained:
https://www.youtube.com/watch?v=sQcrZHvrEnU

[45] CLIP: Connecting text and images:
https://openai.com/research/clip

[46] Alpha-CLIP: A CLIP Model Focusing on Wherever You Want:
https://arxiv.org/abs/2312.03818

[47] Segment Anything:
https://arxiv.org/abs/2304.02643

[48] GRIT: General Robust Image Task Benchmark:
https://arxiv.org/abs/2204.13653

[49] BLIP-2: bootstrapping language-image pre-training:
https://arxiv.org/abs/2301.12597

[50] High-Resolution Image Synthesis with Latent Diffusion Models:
https://arxiv.org/pdf/2112.10752.pdf

[51] 從頭開始學習 Stable Diffusion：一個初學者指南：
https://reurl.cc/dmWYLq

[52] Diffusion Models Beat GANs on Image Synthesis:

https://arxiv.org/pdf/2105.05233.pdf

[53] 知乎 -High-Resolution Image Synthesis with Latent Diffusion Models:

https://zhuanlan.zhihu.com/p/562413185

[54] Youtube-High-Resolution Image Synthesis with Latent Diffusion Models:

https://www.youtube.com/watch?v=LytU887jCvU

[55] LAION:

https://laion.ai/blog/laion-400-open-dataset/

[56] Pseudo numerical method for diffusion models on manifolds:

https://arxiv.org/pdf/2202.09778.pdf

[57] A Systematic Survey of Prompt Engineering on Vision-Language Foundation Models:

https://arxiv.org/abs/2307.12980

[58] Scaling Down to Scale Up: A Guide to Parameter-Efficient Fine-Tuning:

https://arxiv.org/abs/2303.15647

[59] An Image is Worth One Word: Personalizing Text-to-Image Generation using Textual Inversion:

https://arxiv.org/pdf/2208.01618.pdf

[60] An Image is Worth One Word: Personalizing Text-to-Image Generation using Textual Inversion- 知乎 :

https://zhuanlan.zhihu.com/p/552277937

[61] Textual Inversion: A method to finetune Stable Diffusion Model:

https://medium.com/@onkarmishra/how-textual-inversion-works-and-its-applications-5e3fda4aa0bc

[62] DreamBooth: Fine Tuning Text-to-Image Diffusion Models for Subject-Driven Generation:

https://arxiv.org/pdf/2208.12242.pdf

[63] DreamBooth Paper Explanation Slide:

https://www.crcv.ucf.edu/wp-content/uploads/2018/11/Dreambooth-Paper-5.pdf

[64] Dreambooth 微調 Stable Diffusion 實現 txt2img 個人化生成：

https://zhuanlan.zhihu.com/p/625848905

[65] 精通 Stable Diffusion 畫圖，理解 LoRA、Dreambooth、Hypernetworks 四大模型差異：

http://www.gamelook.com.cn/2023/04/513756

[66] HuggingFace-DreamBooth:

https://huggingface.co/docs/diffusers/training/dreambooth

[67] LoRA: Low-Rank Adaptation of Large Language Models:
https://arxiv.org/pdf/2106.09685.pdf

[68] LoRA：大型語言模式的低秩適應 簡讀：
https://zhuanlan.zhihu.com/p/514033873

[69] 微調大型語言模型 LLM 的技術 LoRA 及生成式 AI-Stable diffusion LoRA：
https://reurl.cc/jvlvpL

[70] Learning Transferable Visual Models From Natural Language Supervision:
https://arxiv.org/pdf/2103.00020v1.pdf

[71] Personalizing Text-to-Image Diffusion Models by Fine-Tuning Classification for AI Applications:
https://www.researchgate.net/publication/369476053_Personalizing_Text-to-Image_Diffusion_Models_by_Fine-Tuning_Classification_for_AI_Applications/references

[72] LCM-LoRA: A Universal Stable Diffusion Acceleration Module:
https://arxiv.org/abs/2311.05556

[73] HyperNetworks:
https://arxiv.org/pdf/1609.09106.pdf

[74] Adding Conditional Control to Text-to-Image Diffusion Models:
https://arxiv.org/pdf/2302.05543.pdf

[75] 不得不讀 | 深入淺出 ControlNet，一種可控生成的 AIGC 繪畫生成演算法！：
https://blog.csdn.net/lgzlgz3102/article/details/129774897

[76] AIGC—可編輯的影像生成：
https://zhuanlan.zhihu.com/p/609525165

[77] T2I-Adapter: Learning Adapters to Dig out More Controllable Ability for Text-to-Image Diffusion Models:
https://arxiv.org/pdf/2302.08453.pdf

[78] Composer: Creative and Controllable Image Synthesis with Composable Conditions:
https://arxiv.org/pdf/2302.09778.pdf

[79] IP-Adapter: Text Compatible Image Prompt Adapter for Text-to-Image Diffusion Models:
https://arxiv.org/abs/2308.06721

[80] InstantID: Zero-shot Identity-Preserving Generation in Seconds:
https://arxiv.org/abs/2401.07519

[81] SwinIR: Image Restoration Using Swin Transformer:
https://arxiv.org/pdf/2108.10257.pdf

[82] 圖片超解析度：SwinIR 學習筆記：
https://zhuanlan.zhihu.com/p/558789076

[83] 超分演算法 SwinIR: Image Restoration Using Swin Transformer:
https://blog.csdn.net/qq_45122568/article/details/124685158

[84] Hierarchical Vision Transformer using Shifted Windows:
https://arxiv.org/abs/2103.14030

[85] Swin Transformer 對 CNN 的降維打擊：
https://zhuanlan.zhihu.com/p/360513527

[86] SDXL: Improving Latent Diffusion Models for High-Resolution Image Synthesis:
https://arxiv.org/pdf/2307.01952.pdf

[87] 深入淺出完整解析 Stable Diffusion XL(SDXL) 核心基礎知識 - 知乎：
https://zhuanlan.zhihu.com/p/643420260

[88] Introduction to Stable Diffusion XL 0.9:
https://ngwaifoong92.medium.com/introduction-to-stable-diffusion-xl-0-9-b7b5bbc8e0e8

[89] Introducing SDXL Turbo: A Real-Time Text-to-Image Generation Model:
https://stability.ai/news/stability-ai-sdxl-turbo

[90] Introducing Stable Cascade:
https://stability.ai/news/introducing-stable-cascade

[91] Stable Diffusion 3: Research Paper:
https://stability.ai/news/stable-diffusion-3-research-paper

[92] Scalable Diffusion Models with Transformers:
https://arxiv.org/abs/2212.09748

[93] Flow Matching for Generative Modeling:
https://arxiv.org/abs/2210.02747

[94] Adversarial Diffusion Distillation:
https://static1.squarespace.com/static/6213c340453c3f502425776e/t/65663480a92fba51d0e1023f/1701197769659/adversarial_diffusion_distillation.pdf

[95] Progressive Knowledge Distillation Of Stable Diffusion XL Using Layer Level Loss:
https://arxiv.org/abs/2401.02677

[96] Selective Amnesia: A Continual Learning Approach to Forgetting in Deep Generative Models:
https://arxiv.org/abs/2305.10120

[97] Safe Latent Diffusion: Mitigating Inappropriate Degeneration in Diffusion Models:
https://arxiv.org/abs/2211.05105

[98] Erasing Concepts from Diffusion Models:
https://arxiv.org/abs/2303.07345

[99] Mismatch Quest: Visual and Textual Feedback for Image-Text Misalignment:
https://arxiv.org/abs/2312.03766

[100] Diffusion Model Alignment Using Direct Preference Optimization:
https://arxiv.org/abs/2311.12908

[101] Segment and Caption Anything:
https://arxiv.org/abs/2312.00869

[102] Scaling Laws of Synthetic Images for Model Training ... for Now:
https://arxiv.org/abs/2312.04567

[103] Contrastive Learning of Medical Visual Representations from Paired Images and Text:
https://arxiv.org/abs/2010.00747

[104] Boost foundation model results with linear probing and fine-tuning:
https://snorkel.ai/boost-foundation-model-results-with-linear-probing-fine-tuning/

[105] Midjourney:
https://www.midjourney.com/

[106] Stable Diffusion:
https://stability.ai/blog/stable-diffusion-public-release

[107] DALL·E 2:
https://openai.com/dall-e-2

[108] Leonardo Ai:
https://leonardo.ai/

[109] SeaArt:
https://www.seaart.ai/home

[110] Lucidpic:
https://lucidpic.com/

[111] Pebblely:
https://pebblely.com/

[112] Synthesys X:
https://synthesys.io/x/

[113] SD Installation:
https://github.com/AUTOMATIC1111/stable-diffusion-webui

[114] Docker Installation:
https://docs.docker.com/engine/install/ubuntu/

[115] Stable Diffusion Samplers: A Comprehensive Guide:
https://stable-diffusion-art.com/samplers/#Samplers_overview

[116] Elucidating the Design Space of Diffusion-Based Generative Models:
https://arxiv.org/abs/2206.00364

[117] Fooocus:

https://github.com/lllyasviel/Fooocus

[118] Automatic1111:

https://github.com/AUTOMATIC1111/stable-diffusion-webui

[119] ComfyUI:

https://github.com/comfyanonymous/ComfyUI

[120] Forge:

https://github.com/lllyasviel/stable-diffusion-webui-forge

[121] Hugging Face Training:

https://huggingface.co/docs/diffusers/training

[122] 訓練 LoRA 教學：

https://www.youtube.com/watch?v=s0XJOGfUxkE

[123] kohya: 訓練模型神器：

https://github.com/bmaltais/kohya_ss?ref=blog.hinablue.me

[124] Feature Likelihood Divergence: Evaluating the Generalization of Generative Models Using Samples:

https://github.com/marcojira/fls

[125] Rethinking FID: Towards a Better Evaluation Metric for Image Generation:

https://arxiv.org/abs/2401.09603

[126] Civitai:

https://civitai.com/models?tag=base+model

[127] HuggingFace:

https://huggingface.co/models

[128] SeaArt:

https://www.seaart.ai/home

[129] Image Browsing:

https://juejin.cn/post/7256651192986026044

[130] Prompt all in one:

https://www.uisdc.com/prompt-all-in-one

[131] Stable Diffusion 基礎插件：

https://www.uisdc.com/stable-diffusion-webui-2

[132] ControlNet 手把手教學：

https://www.uisdc.com/controlnet-v1-1

[133] SD 實用進階插件：

https://www.uisdc.com/stable-diffusion-webui-3

[134] SD 基礎插件：

https://www.uisdc.com/stable-diffusion-webui-2

[135] SD 好用插件：
https://www.dun.tax/2023/04/stable-diffusion.html

[136] Stable Diffusion 進階 -- 穿衣換衣術：
https://vocus.cc/article/6453eb78fd89780001b4a03c

[137] Deep Learning for Deepfakes Creation and Detection: A Survey:
https://arxiv.org/pdf/1909.11573.pdf

[138] A Lip Sync Expert Is All You Need for Speech to Lip Generation
In The Wild:
https://arxiv.org/pdf/2008.10010.pdf

[139] A Principles-based Ethics Assurance Argument Pattern for AI
and Autonomous Systems:
https://arxiv.org/pdf/1909.11573.pdf

[140] A Survey on ChatGPT: AI–Generated Contents, Challenges, and Solutions:
https://ieeexplore.ieee.org/document/10221755

[141] Text-to-image Diffusion Models in Generative AI: A Survey:
https://arxiv.org/abs/2303.07909

[142] Visual Instruction Tuning:
https://arxiv.org/abs/2304.08485

[143] Rethinking Attention: Exploring Shallow Feed-Forward Neural Networks as an Alternative to Attention Layers in Transformers:
https://arxiv.org/abs/2311.10642

[144] Mamba: Linear-Time Sequence Modeling with Selective State Spaces:
https://arxiv.org/abs/2312.00752

[145] Introducing Stable Video Diffusion:
https://stability.ai/news/stable-video-diffusion-open-ai-video-model

[146] Sora: A Review on Background, Technology, Limitations, and Opportunities of
Large Vision Models:
https://arxiv.org/abs/2402.17177

[147] State-space LLMs: Do we need Attention?:
https://www.interconnects.ai/p/llms-beyond- attention?utm_source=ai.briefnewsletter.com&utm_medium=newsletter&utm_campaign=ai

[148] Neural Network Diffusion:
https://arxiv.org/abs/2402.13144

[149] White-Box Transformers via Sparse Rate Reduction:
https://arxiv.org/abs/2306.01129